東シナ海

漁民たちの国境紛争

佐々木貴文

角川新書

まえがき——東シナ海での出会い

「KAGOSHIMAMARU. KAGOSHIMAMARU. This is the U.S. Navy.」

突如、落ち着き払った女性の声が真夜中のブリッジ（操舵室《そうだ》）に響いた。

二〇一八年の夏、私は鹿児島大学が誇る、練習船かごしま丸の余席利用を申請し、尖閣《せんかく》諸島の大正島《たいしょう》方面にある海流調査ポイントに向けて、東シナ海を航行していた。

国際総トン数一二八四トンもの巨体が、静かに市街地はずれにある定繫港《ていけい》をたって三日。せっかくボースン（甲板長）があてがってくれた、ソファーに両袖机《りょうそでづくえ》まで備え付けられた個室だったのに、船底に近づくほど強くなる船舶油の臭いに慣れなかった私は、この日もまた、日付が変わっても寝付くことができていなかった。

早く寝ないと朝のラジオ体操が辛《つら》い。頭ではわかっていたがどうにも気持ちが落ち着かず、かまってくれる人がいるブリッジまで、折り返し地点がいくつもある急な階段をのぼる。映画にでてきそうな、洒落《しゃれ》た作戦ルームさながらのブリッジだったが、私はそこに似つかわしくない敗残兵のごとく、ヨタヨタしながらたどり着くことになった。

会話もなく静まり返ったブリッジで、一丁前に船乗り気分を楽しんでいたその時、先ほどの声が真っ暗なブリッジに響く。

大海原では珍しい、女性の声で名指しされて驚いた当直の三等航海士が、船舶無線にかじりつき応答を試みる。他の船員とともに耳をそばだてていると、この自称「アメリカ海軍」は一方的に話し続けていた。どうやらかごしま丸に針路変更を求めているようだ。

たしかに、ブリッジ内のレーダー画面には不審な反応があった。

本船針路上にあるその光点は、ＡＩＳ（針路や速力、船種などを周囲の船舶に伝達する装置）からの船舶情報が確認できず、三等航海士とクオーターマスター（操舵手）、それに海技士を目指して実習中の学生三人は、この国籍不明船の存在を気にかけてはいた。ただ、まだ十分な距離があり、相手の進行方向や速力がはっきりしないなかで様子見を決め込んでいたのだ。

「アメリカ海軍」を名乗る女性の声で覚醒《かくせい》したブリッジでは、当直の全員が手にした双眼鏡をのぞき込み、相手船のマスト灯（進行方向を識別する灯火）や舷灯《げんとう》（船の左右を識別する灯火で右舷が緑・左舷が赤）を探索する。

闇夜のなか、前方にかすかに光る舷灯は緑。国際法上、回避義務は保持船であるかごしま丸にはなく、相手方にあった。

しかし、聞き取りにくい無線越しの声は、本船に退避行動を要請する。海運用語が交じった英語に理解が追い付いていたかは心もとないが、この「アメリカ海軍」は当該海域で作戦任務中であり、曳航《えいこう》物もあることから「大回りで避《よ》けるように」と丁寧に命じていた。教育活動の一環として、国際法を遵守しての航行を続けていたかごしま丸のブリッジ内は一瞬とまどう。しかし、すぐに諦《あきら》めムードにかわった。

いや、シーマンシップにのっとって、「最善の協力動作」(海上衝突予防法第一七条)をとると決めたと言った方が誇りを失わなくて済む。冷静な三等航海士は、クオーターマスターに転舵を指示し、安全と燃費を最優先に数ノットという鈍足航行を続けていたかごしま丸は、ごくわずかに船体を揺らし、舳先《へさき》を左にずらした。

かすかな月明かりを頼りに、右手の海上に目を凝らす。重たく、冷たい双眼鏡越しに、ぼんやりと灯火がみえる。弁当箱のような影を感じたのは思い込みのせいかもしれないが、一般的な戦闘艦ではないようにも感じた。

アレイ・ソナーとおぼしき曳航物をかばい、厚かましく大きく避けるように命じてきたことから、潜水艦への警戒任務にあたる音響測定艦であったと理解した。

このご時世、〝板子一枚下は潜水艦〟なのだろう。魚雷ばかりか核ミサイルまで搭載するようになった東シナ海を跋扈《ばっこ》する潜水艦の群れは、日本政府にとっては地獄の閻魔《えんま》さんよりも嫌な存在なのかもしれないと思った。

足元の海が、潜水艦の巣であることを感じさせてくれたアメリカ海軍との出会いは、軍事化する海を小舟で往来する漁師の存在を知る私にとって、忘れがたい出来事となった。

私は、水産学部という特殊な場所で仕事をするようになって以来、家族の生活をその胆力で支えるとともに、私たちに食料を供給し続けてくれる大勢の漁師への想いを、何かしらの形で表現したいと考えてきた。

得体の知れない東シナ海と、剛毅《ごうき》でハツラツとした彼らのコントラストほど不思議なものはない。本書では、報道ではたどり着けないもう一つの東シナ海・尖閣諸島を、彼らの仕事ぶりから多くの日本人に知って欲しいと願っている。

目次

序　章　日本の生命線

漁業を通じて東シナ海を語る理由

なぜ東シナ海に注目するのか、そしてなぜ東シナ海の今を漁業を通じて語るのか、大切なことなので少し説明させていただこう。

第一の理由は、歴史的にみて東シナ海の主要産業が漁業であることがあげられる。明治維新までさかのぼって紐解《ひもと》けば、近代の日本は、新市場を求める欧米列強の接近に苛《さいな》まれるなか、自らも拡大政策をとり、存亡の危機を乗り越えようとした。

一八七四年の台湾出兵や一八七六年の「日朝修好条規」締結、一八七九年の琉球《りゅうきゅう》処分は、いずれも東シナ海のフレームとなっていた主要領域を、日本が清国の影響力から切り離すことを試みたものである。

そして眠れる獅子《しし》を打ち破った日清戦争以降、日本は列強が食い散らかす東アジアで〝唯一の帝国〟となるべく立ち振る舞い、東シナ海は帝国日本の新領地経営の重要な足掛かりとして利用された。台湾や大陸への海上交通路の開設で東シナ海は不可欠だったのだ。

すでに列強が唾《つば》をつけた南方の天然資源をうかがうためにも、東シナ海の安定化は必須《ひっす》条件であり、列強との緩衝帯となる空間としても大切になっていく。

東シナ海そのものも開発の舞台となり、産業としての漁業が急速に頭角を現す。近代日本の「外海」漁業は、明治一〇年代に朝鮮半島への出漁、すなわち朝鮮出漁を機に本格化したが、スケールアップは、日本が東シナ海での影響力を不動のものにした日清戦争以降であった。

漁業による外貨獲得

日清戦争の勝利によって、東シナ海、黄海《こうかい》、さらには台湾海峡などでの漁場利用が円滑化する。これに生産手段の核となる、漁船の動力化というアシストを受け、東シナ海の本格開発が進む。日本漁業は近代産業としての評価を高めていくのである。

生業ではなく、産業としての漁業の代表格は、イギリスから技術移転が図られたトロール漁業であった。東経一三〇度以西（当時）の東シナ海や黄海を舞台としたものは以西漁業と呼ばれ、一部は今日まで続いている。

漁場の外延的拡大を果たした日本漁業は、外貨獲得産業として確固たる地位を築く。円安が進行した大正後期から昭和初期は、輸出が絶好調となるなかその額を急伸させた。日露戦争後の露領漁業の発展も大きく寄与し、巨大な外貨獲得装置となったのだ。

こうした状況は、戦中・戦後のわずかな時期を除き戦後も継続した。日本漁業は食料供給源として、そして外貨獲得手段として輝きを放ち続けたのである。

東シナ海は重要海域の一角を占め、南部の尖閣《せんかく》諸島も戦前・戦後を通じ、一本釣り漁業やまき網漁業、はえ縄漁業などが活発におこなわれた。

ただし、東シナ海の主要産業に躍り出た漁業であったが、一九八〇年代から九〇年代にかけて、中国・韓国・台湾との競合が激化したことで衰退する。その要因や様子は後述するとして、この競争激化という事実も、東シナ海の今を、漁業を通じて語らなければならない理由となっている。

尖閣諸島が浮かぶ東シナ海

理由の二つ目は、東シナ海には尖閣諸島という、日本の運命を左右する場所があり、そのリアルに私たちが接近できるほとんど唯一の媒介が、漁業であることがあげられる。

竹島《たけしま》、北方四島の問題が固定化するなか、唯一、日本の施政下にある尖閣諸島だが、今般、荒波に洗われている。毎日どこかの新聞に、「接続水域に中国公船」や「中国公船、領海侵入」などの、心穏やかでない記事がのる。

しかし、渺々《びょうびょう》たる青い海にうかぶ尖閣諸島は、いずれもが陸から隔絶されている。しかも巨大な黒潮のど真ん中にあることから、周囲の潮は極めて強力で速い。魚釣《うおつり》島の周囲を流れる黒潮は三ノットに達することもある。

風も強い。冬の間、その風は潮の流れとは逆方向に吹く。表面をあおられた波は、割れたガラス片のような刺々《とげとげ》しさだ。風向きしだいでは、強い低気圧の下でなくとも波高が二〜三メートルになる。うねりもある。小さな漁船であれば、すっぽり見えなくなってしまう。海の男たちから〝台湾坊主〟と恐れられる、突発的な温帯低気圧の出現もある。冬から春にかけて、東シナ海南部にあらわれ急速に発達することで、尖閣の海をさらに荒れ狂わす。

そのような場所に私たちは近づくこともできないし、現状を知ることもできない。世間の耳目を集める尖閣諸島は、裏腹に、遠くから思いを馳《は》せるだけの存在となっているのだ。

遠く離れた尖閣を、そして国際情勢に翻弄《ほんろう》され揺れ動く尖閣の今を、私たちが加工されていない情報から理解しようとすれば、尖閣諸島の唯一の産業ともいえる漁業を通してみるしかないのである。

変化するアメリカの対中戦略

外交面から尖閣諸島をとらえれば、二〇一四年の春にオバマ大統領が来日し、アメリカ大統領として初めて、尖閣諸島に「日米安全保障条約」第五条が適用されると発言したことは注目された。その際には、日本政府の安堵《あんど》感をそえて、国民へのアピールが為《な》された。ただ、この時はまだ、中国はアメリカや世界にとって極めて重要な国であるとして、日本も中国との関係改善を模索するようにうながしている。

二〇一七年、トランプ政権の誕生は、米ロの緊張緩和など、予想外の国際情勢の変化をもたらした。一方、対中関係では、情報通信分野での貿易戦争が激しさを増す。そして、二〇一八年一〇月のペンス副大統領の演説と、二〇二〇年七月のポンペオ国務長官による演説は、米中の覇権争いが後戻りできない段階に到達したことを世界に印象付けた。

二つの演説は、「中華民族の偉大なる復興」をスローガンとする中国を、アメリカの世界覇権に挑戦する国と位置付けるもので、中国側は「新冷戦の兆し」〔ニューヨーク・タイムズ〕として受け止めたとされる。

ペンスの演説では、冷戦後の米中の関係改善や中国経済の発展は、アメリカからの配慮や恩恵によるもので、それを中国は裏切ったという認識が示される。一向に進まぬ民主化やチベット・ウイグル・香港などでの人権侵害の深刻化、知的財産権の剽窃《ひょうせつ》、尖閣諸島への侵出などを問題視。従来の関与政策を「失敗」と結論付けたのである。

こうしたトランプ政権の方針は、習近平《しゅうきんぺい》政権の強硬姿勢と共鳴し、東アジア情勢・尖閣問題をより緊張させ、台湾海峡危機や台湾有事の心配もしなければならなくなった。

二〇二〇年末のアメリカ大統領選挙により、政権は民主党に移る。バイデン大統領は就任後初となる記者会見で、「中国が米国を抜き、世界最強の国になることを阻止する」(ロイター)と表明するとともに、法の支配を重視する「自由で開かれたインド太平洋」の実現を、日本やオーストラリア、インドなどと連携して目指すとした。

漁業分野での対中包囲網も徐々に姿をあらわしている。二〇二一年五月には、アメリカ国土安全保障省CBP(税関・国境取締局)が、中国のマグロはえ縄漁業大手の大連《だいれん》遠洋漁業金槍魚釣有限公司(遼寧《りょうねい》省大連市)をブラックリストに載せた。同社が運航する漁船で、インドネシア人乗組員に対する虐待などの強制労働が横行しているとして、マグロはもちろん、缶詰やペットフードなどの同社関連製品も輸入差し止めの措置をとったのだ。

安全保障をアメリカに「依存」する日本の一喜一憂

アメリカ大統領選の結果をみた日本政府は、就任を待たずにバイデン〝次期大統領〟と菅《すが》義偉《よしひで》首相との会談をセットする。そしてすぐさま、「日米安保条約第五条の尖閣諸島への適用についてコミットする旨の表明」があったと公表した（令和二年一一月一二日・外務省「菅総理大臣とバイデン次期米国大統領との電話会談」）。

ただこうした〝お伺い〟は、アメリカ大統領選挙後の恒例行事といえばそれまでである。「日米安保条約」の第五条は、「各締約国は、日本国の施政の下にある領域における、いずれか一方に対する武力攻撃が、自国の平和及び安全を危うくするものであることを認め、自国の憲法上の規定及び手続に従つて共通の危険に対処するように行動することを宣言する」と書かれているにすぎない。

二〇一五年四月の新「日米防衛協力のための指針」（いわゆる新ガイドライン）でも、「日本に対する武力攻撃が発生した場合、日米両国は、迅速に武力攻撃を排除し及び更なる攻撃を抑止するために協力し、日本の平和及び安全を回復する」とあるが、基本的には、日本が「国民及び領域の防衛を引き続き主体的に実施」し、「米国は、日本と緊密に調整し、適切な支援を行う。米軍は、日本を防衛するため、自衛隊を支援し及び補完する」等とされ、実際に米軍が「戦場に兵士を送りだす」かの確証を読み取ることは難しい。

ガイドラインの原文（英文）解読から、米軍が日本とともに戦うかは未知数で、アメリカによる日本防衛は、「美しい誤解」との主張もある〔春名幹男『仮面の日米同盟』〕。

尖閣諸島が第五条の適用範囲であることと、有事の際にアメリカ軍が尖閣諸島の奪還に動くこととは、いまだ完全に同義でないことに、改めて注意しておく必要があろう。「漁業者の遭難事故」や「漁業者同士の衝突」など、グレーゾーン事態の発生が懸念される尖閣諸島ではなおさらである。

前のめりになる日本に、中国共産党機関紙・人民日報系の環球《かんきゅう》時報英語版は、「日本は米国に言い寄られても冷静さを保つべきだ」とする社説を配信した〔北京《ペキン》・時事通信〕。

明確な意思を持った挑戦に、息衝《つ》くことなく対応することは思いのほか難しい。日米間で間断なく摺合《すりあわ》せがおこなわれているとしても、「共通の危機に対処」できるかは、未知数と解釈しておく方が無難であろう。一方的な期待を裏切られた時の落胆は大きい。

見透かされる日本の迷い

かかる危機と希望とが綯《な》い交ぜとなった状況において、安全保障をアメリカに「依存」する日本があわよくばと望む、日米同盟対中国、あるいは日米豪印のクアッド対中国という、単純でわかりやすい構図で事が進むと思い込むことは、権謀術数、同床異夢が珍しくない外交のこと、やや楽観的すぎるのかもしれない。

かつてニクソン・ショックによってはしごを外され、苦しめられたように、日本政府がアメリカ政府・議会の真意を完全に把握することはできない。二〇二一年四月の日米首脳会談で、「台湾海峡の平和と安定の重要性」が強調され、「台湾」というキーワードが半世紀ぶりに挿入されるようになった今日にあってもだ。

もちろん日本も、憲法にまで手を入れて長期政権への道を歩もうとしている習近平の中国と、後戻りができないほどの経済的結びつきがある。中国は怖いが上客である。その本音は、アメリカに、そして世界に見透かされている。

現在、自動車や工作機械、電子部品などで商売をしている日本企業にとって、中国市場は不可欠な存在だ。「現実」を直視し、「実利」を確保すべきとの声が国内経済界には根強く、日本政府にも届く。

日本の内需が縮小するなか、巨大な中国市場の重要性は無視できない。中国政府もこの日本財界の心の内を察知しており、「日本は中国の自由貿易の重要なパートナー」（北京・共同通信）と持ち上げ、揺さぶりをかける。

日本政府も長期低迷するGDPを押し上げるには、外需を取り込むしかないとの判断で、考えようによっては、〝風見鶏《かざみどり》作戦〟は企業業績と国民生活のためでもある。

しかしながら、先頭で事に当たる政府・財界ですらこうなのだから、国民には米中との外交関係や、東シナ海・尖閣諸島を巡る〝本当〟の情報・危機は、複雑な国際関係のはざまにあって伝わってこないのが現実となっている。

本書の針路と目的地

では、手の届かない、青い海の向こうにある尖閣諸島の「真実」はどこにあるのだろう。私たちは、自らの意思によってその「真実」に接近することは可能なのだろうか。

かかる難題を解く手段はそう多くない。だが、例えば九州は鹿児島、熊本の漁師は、東シナ海の、尖閣諸島の真実を知っている。沖に出たら一〇日は戻らぬ彼らにとって、尖閣諸島は働く場所であり、生活の場なのだ。黒潮の蛇行からあらゆる船の動き、さらにはセンカクアホウドリの生態まで、彼らが知らないことは、私たちも知らない。

本書では、鹿児島県と熊本県の漁師の他、長崎県を拠点とする以西底びき網漁業者や大中型まき網漁業者、宮崎県や沖縄県を根拠地とするマグロはえ縄漁業者など、多くの漁師に目となり耳となってもらい、曇りガラスの向こうにある東シナ海・尖閣諸島の真実に、一歩でも、一マイルでも近づくことを目指した。

そして、彼らの操業が意味していることや彼らが直面する問題、彼らの操業環境の変化などから、東シナ海や尖閣諸島を取り巻く厳しい現実を伝える。加えて、日本漁業そのものの

魚釣島をバックに操業する漁船に近寄ってくるアホウドリ

持続性に黄色信号をともす様々な問題についても言及し、東シナ海や漁業を通してみえる、日本の危機にも接近したい。

そうすることで、厳しさを増す国際環境のなかで、日本がしたたかに生き延びる術《すべ》や、日本の行く末を考察するきっかけを提供できればと思っている。構成は次の通りとなる。

第一章では、東シナ海の現状を様々な角度から捉《とら》え、漁業のみならず、日本の海洋権益の多くが侵食されつつあることを指摘する。

第二章では、日本の東シナ海権益が削られるなか、中国の漁業が著しく発展したことや、台湾のプレゼンスが急拡大したことで、日本の漁業外交も対応を迫られていることを描く。

第三章では、敗戦後の日本が東シナ海の漁業権益を活用して復活する姿と、その後、権益を喪失して縮小する一連の過程を、「日中漁業協定」という条約の生い立ちに注目して論じる。

第四章では、あえて視点をかえ、なぜここまで日本漁業が劣勢になったのか、構造的で重層的な背景を、漁村や労働者の姿からみていく。

第五章では、中国の海洋進出がもたらしている東シナ海・南シナ海の緊張状態を、漁業者の視点を大切にしながら描きなおした。

かかる構成で、歴史的・大局的に漁業を、そして東シナ海の現況を捉えるとともに、幾重ものフィルターを取り払い、国力とパラレルに衰退する日本漁業のリアルに接近したい。

そのうえで最後に、「漁業国有化論」という〝究極〟の選択肢を指し示し、あい路にある日本漁業が採るべき針路を考えたい。

第一章　追いつめられる東シナ海漁業

1　削られる日本の東シナ海権益

「東シナ海」と呼べない海

東シナ海は太平洋の西側にある縁海で、日本政府によれば「おおよそ、北限は済州島と長江河口及び同島と我が国の五島列島を結んだ線、東限は九州西端から南西諸島を経た線、南限は台湾海峡の北限、西限は中国大陸で囲まれる海域」（平成二十八年四月八日受領答弁第二二四号「答弁書」）とされている。

中学校の社会科で習った言葉で表すと、九州、奄美《あまみ》や沖縄といった南西諸島、台湾、中国本土、朝鮮半島のそれぞれで囲まれ、かつ日本海と対馬《つしま》海峡でつながり、南シナ海とは台湾海峡でつながっている海、とでもいえようか。ちなみに北部では、中国本土と朝鮮半島にすっぽり囲まれた黄海《こうかい》と接している。

この東シナ海の約八割は、水深二〇〇メートル未満の浅い海で、アジやサバなどの黒潮に沿って回遊する浮魚類の絶好の産卵場・住処《すみか》となっている。多獲性魚種（一般に大衆魚）だけでなく、マグロやタチウオなどの高級魚も獲《と》れ、全面が優良漁場なのだ。

東シナ海については今日、こうした自然地理学的特徴ではなく、地政学的特徴に関心が集まっている。大陸国家から海洋国家への脱皮を図る中国の影響力拡大が大きい。

真新しい航空母艦を核とした中国の艦隊が、無敵を誇ったアメリカの艦隊とにらみ合う様子は、一〇〇年をかけた巨龍の復活劇を見ているような印象を与える。

そして、南西諸島の西の端に位置する尖閣《せんかく》諸島は、巨大化する中国の前で揺れ動くこととなっており、台湾が「一つの中国」論に固執する大陸からの圧力にさらされていることと合わせて、東シナ海を激動の海にしている。

東シナ海は、日本の運命を握る海にもかかわらず、安定的な管理には課題が山積した状態となっているのだ。思い通りにならない海は、呼び名さえも自由にならない。

重要となる呼称問題

海が冒険の対象として多くの男たちを誘い込み、そして死に追いやることもあった時代、国家は海洋権益を確実なものとして手中に収めることは難しかった。

そうした、海が未知の世界であった近世や近代初期にあっては、国家が海洋権益の隅々に意識を向ける余力は乏しく、自らの縄張りであることを示す、海や離島の呼称に揺れが生じることはしょうがないことであった。

公文書にも同じことがいえた。一八九七年の「遠洋漁業奨励法」では「支《し》那《な》海」などと表現されたように、東シナ海であっても呼称の揺れは探せばでてくる。新聞紙上では「支那東海」（一九二四年『東京日日新聞』）といった表記もみられた。

それでも昭和に入る頃には、すでにほとんどの公文書や一般書籍で「東支那海」の呼称が定着し、それ以外の呼称を探す方が難しくなっていく。今では「東シナ海」が一〇〇年来の呼び名として定着した。

そして現代では、呼称・名称が領域主権を主張する際の重要な要素となっているため、その揺れは許容されなくなっている。東シナ海にあるソコトラ岩（中国名：蘇岩礁《そがんしょう》、韓国名：離《イ》於《オ》島《ド》）のように、水中岩礁（暗礁）でさえ争いの対象となる時代だ。島であれば領海基線の根拠となることもあり、なおさらそうした意識が強固になっている。

先ごろ日本政府が、数多くの無人島に名称を付けたのはこのためであり、内閣府は、領海と排他的経済水域（ＥＥＺ）の「外縁を根拠付ける離島を最優先に、地図・海図に名称が記載されていない島の名称の決定に取り組」み、「地図及び海図に記載する名称を決定」したと発表している〔内閣府「海洋管理のための離島の保全・管理についての取組」〕。

近年では、海底資源の利用が進んでいることを背景に、自国周辺の海底地形やその名称にも関心が向かっている。

日本では海上保安庁が、「海底地形の名称に関する検討会」を設置して海山や海底谷、海盆の名称を審査している。承認された海底地形名称には「尖閣海陵」や「波照間《はてるま》海嶺《かいれい》」、「対馬海盆」など境界付近のものも多い。

冷たくひっそりとした海底に名称を付与することが、短期的・対外的に有効かどうかは別として、境界域では権益を主張する際の足掛かりになることが期待されている。

国際水路機関

日本政府がこれまで見向きもしなかった小さな無人島や海底にまで名称を付け、地図や海図に盛り込んでいるのはどういうことか。

今日、主権国家が管理する、もしくは管理を目指す対象地については、地理名称の決定を外国の意向に左右されず独自におこない、その名称を少なくとも国内向け文書では自由に、かつ積極的に用いることが求められているからだ。

これができなければ、〝管理不行届〟を咎《とが》められ、権利争いが生じた際、弱点を抱えてしまう。尖閣諸島や竹島《たけしま》の例をあげるまでもなく、辺境では権益を主張する国が独自名称を用い、影響力を行使しようとするからだ。

一方で、大海や国際海峡の名称では当然のことながらそれは難しい。Pacific Ocean（太平洋）が気に入らないからといって、独自名称を付ける国があったとしても、国際的には通用せず何の意味もなさない。インド洋やフィリピン海を、インドやフィリピンと敵対しているからといって、声高に変更を要求することも今となっては難癖でしかない。

こうした海洋名称の混乱を水面下でコントロールする門番役が、国際水路機関（IHO）となる。一九二一年の設立以降、一世紀にわたり海の名称に絶大な影響を及ぼしてきた。

国際水路機関が編纂《へんさん》する「大洋と海の境界」は、このなかで用いられる海や海峡などの名称が、世界標準となって各国の地図に反映されることから、にわかに注目される存在となっている。

例えば東シナ海の名称は「大洋と海の境界」により Eastern China Sea と Tung Hai の併記となっており、中国の場合、東海と表記することが一般化している。台湾でも同様に東海で通用する。

日本の場合、一〇〇年以上の使用歴がある「東シナ海」で齟齬《そご》はない。実際、政府・外務省の公文書でも、「東シナ海」が使用されている。

しかし日本は、この「東シナ海」の名称を自由に使うことができていない。

条約は中国名で書かれていた

日本政府が、「東シナ海」の呼称使用を明らかに回避しているとみられる公文書がある。しかもその公文書は、わが国の法体系では法律よりも上位にある、条約として公布されている。条約名は「漁業に関する日本国と中華人民共和国との間の協定」。いわゆる新「日中漁業協定」だ。一九九七年に署名され、二〇〇〇年に効力が発生した。

この「日中漁業協定」は、東シナ海を対象に日中の漁船がどのように海域を利用するのかを定めた条約にもかかわらず、東シナ海という文字は第一四条まである条約本文で一度たりとも登場しない。新しい漁業秩序を両国の間に確立するという崇高な理念を謳《うた》った前文でも、やはり肝心かなめの対象海域は明確にされていない。

海の名称であろうと思われる単語があるのは、「東海」という文字が二か所使われた、相互入会い措置（互いの漁船が自由に往来できるようにすること）をとらない水域を示した、第六条だけとなる。そこには、「北緯二十七度以南の東海の協定水域及び東海より南の東経百二十五度三十分以西の協定水域」（傍線：引用者）と書かれている。

「東海」という海は、日本の検定教科書に載っておらず、いわば国民の知らない海だ。では「東海」とは何か。この疑問への答えになり得るのが、本節の冒頭に記した平成二八年四月八日の政府「答弁書」であり、何のことはない、その実は「東シナ海」そのものであった。

これはすなわち、日本政府が条約という最重要公文書の日本語正文で、「東シナ海」名称の使用を回避するとともに、中国名を使用したことを意味している。韓国との新「日韓漁業協定」（合意された議事録の一〜四）や、台湾との「日台民間漁業取決め」（第一条）の日本語正文では、「東シナ海」表記が使われているので、違和感が残る。

国際水路機関で使用されている Japan Sea が、「日本海を示す唯一の呼称として国際的に確立」（海上保安庁海洋情報部）していると主張する一方で、韓国との条約で韓国側の呼称である「東海《トンヘ》」を用いることを想像すれば、違和感の正体がわかるだろう。

止まらぬ中国の資源開発

日本が漁業条約で〝自主規制〟をして、及び腰の対応をしている時、中国は東シナ海の海底資源にも触手をのばした。大きな禍根を残している、東シナ海油ガス田開発である。

中国は一九八〇年代の試掘プロジェクトの成果を踏まえ、一九九〇年代に入って間もなく、東シナ海中央部にある平湖油ガス田の開発に着手。一九九〇年代の終わりまでに掘削櫓《くっさくやぐら》（プラットフォーム）を完成させ、原油や天然ガスの生産を開始した。

中国の資源開発に、日本が抗議する姿勢をとり始めたのは二〇〇〇年代中頃からで、平湖油ガス田よりもさらに日中中間線（中国大陸と琉球諸島との中間に引かれた両岸からの等距離線）に近接した、春暁油ガス田（日本名「白樺《しらかば》油ガス田」）の開発が本格化してからであった。ただし、日本政府が議論をリードしたという痕跡《こんせき》はなく、きっかけは二〇〇四年頃からの各紙の報道を受けた世論の盛り上がりだったようだ。

中間線からの最短距離が、五キロメートルにも満たない春暁油ガス田は、地下構造が日本側にも広がっていることから、ついに日本側も憂慮を表明せざるを得なくなったのだ。

ただ腰の据わらない日本側の対応はちぐはぐで、二〇〇五年に中川昭一《なかがわしょういち》経済産業大臣が帝国石油に試掘権を付与するとともに、春暁を「白樺」などとする日本名の決定をおこなったものの、二階俊博《にかいとしひろ》が第三次小泉《こいずみ》改造内閣の組閣で後任の経済産業大臣に就任すると、経済産業省は試掘に向けた動きを停止させている。

停止の判断は、表面的には採算性を問題視してのことであったが、歴史問題で揺さぶられ、時に軍事的オプションをとってくる中国への恐怖に自信を失っていた、日本外交の姿が投影されているかのようにみえた。対中外交に長期戦略を持てていなかったのである。

この間、中国側は春暁油ガス田付近に駆逐艦を派遣するなど、日本側にプレッシャーをかけるとともに、天外天油ガス田（日本名「樫《かし》油ガス田」）での生産を開始して、既成事実を積み重ねていった。

当時は、日本企業が中国側の油ガス田開発業者から、掘削作業やパイプラインの敷設に用いられる資材を受注したのではないかとの指摘もあった。日本は、中国の海洋進出を目の当たりにしてもなお、官も民も東シナ海に関する感度を高めることができていなかったのである。

感度の低さは海だけではなく、陸でも同じであったのだろうか、日本の新幹線技術が中国に「移転」されるのも、ちょうどこの頃であった。

蚊帳の外

状況はその後も悪化し続け、東シナ海を「平和・協力・友好の海」にするとした日中首脳会談などでの約束（外務省「東シナ海における日中間の協力について」二〇〇八年）は、達成されないまま今日にいたっている。

この時の約束を再確認した、二〇一一年末の野田佳彦《のだよしひこ》首相と胡錦濤《こきんとう》国家主席との首脳会談がおこなわれた際には、すでに、共同開発区域としていたはずの天外天（樫）油ガス田に設置されたプラットフォームから、生産中を意味するガスフレアがあがっていた。日本の「敗北」を象徴しているかのようであった。

日中間には、二〇〇八年六月の「中国企業は、日本法人が、中国の海洋石油資源の対外協力開発に関する法律に従って、白樺（中国名：「春暁」）の現有の油ガス田における開発に参加することを歓迎する」とした〝了解〟もある（外務省「白樺（中国名：「春暁」）油ガス田開発についての了解」）。しかし、今となっては、中国が単独開発を続けるための時間稼ぎのツールでしかなくなっている。

はたして今日、東シナ海の中間線付近では一六基ものプラットフォームが設置され、中国による一方的な資源の吸い上げが続いている。

この事態に外務省は「極めて遺憾」と表明し、共同開発に関する合意の着実な実行のため「交渉再開に早期に応じるよう、改めて強く求めている」（外務省「中国による東シナ海での一方的資源開発の現状」二〇二一年）が、今の日本に、中国を相手として油ガス田開発で失った権益を取り戻すだけの国力はない。

東シナ海の排他的経済水域は「境界が未画定」

内閣府などは、領海を含む日本のＥＥＺが世界第六位と広大であることをアピールする。義務教育で用いられる教科書も然《しか》り、である。国民は、世界第六位を疑うことはない。

領海基線から二〇〇カイリの範囲で、「天然資源の探査、開発、保存及び管理等のための主権的権利」（海上保安庁）が認められる「排他的経済水域」という言葉は、使用する社会科の教科書にもよるが、小学校五年生から習う（日本文教出版）。

中学校で用いられる社会科地理の検定教科書では、学習指導要領の「領域の特色と変化」への理解を求める項目で、「経済水域の問題などに着目させたりすることも大切」とされているため、出版社がどこであろうとすべての教科書でもれなく言及がある。やはり、領土に比してその広さが世界有数であると書かれている。

日本のＥＥＺが世界に誇る財産であることは、〝日本国民の常識〟として扱われているのだ。世界に誇る財産であること、それ自体に異論はない。

しかし一方で、外務省は東シナ海において、「中国側が我が国の中間線にかかる主張を一切認めていない状況」があるといっている（「東シナ海における資源開発に関する我が国の法的立場」二〇一五年）。

さらにその結果、日中間の合意により境界を画定する必要があるものの、「東シナ海の排他的経済水域及び大陸棚は境界が未画定」となっているとした（前掲「中国による東シナ海での一方的資源開発の現状」）。

義務教育でその広さを子どもたちに教えながら、ＥＥＺの「境界が未画定」とはどういうことなのか。そもそも、境界線がないのに面積を測れるのか。

あり得ないと思われるかもしれないが、東シナ海では関係国と相互承認している日本のEEZはほとんどない。東シナ海だけではない。日本海でも、オホーツク海でもだ。

東シナ海では中国が中間線で経済水域を折半することを拒み、全域が中国の権益であると主張している。日本海では竹島が浮かんでいることや、北朝鮮との国交がないため、こちらも水域の画定はできていない。オホーツク海では北方領土問題が横たわっており、プーチン率いるロシアとは平和条約の締結交渉すら停滞している。そのため建前は、「南樺太《みなみからふと》」の扱い方も決まっていないことになっている。とてもではないが海に線はひけない。

こうした事実から目を背けることに良心の呵責《かしやく》があったのだろうか。検定教科書のEEZ図には、小さな字で「境界線は日本の法令に基づく」〔東京書籍〕や、「区域の一部については関係する近隣諸国と交渉中です」〔帝国書院〕などの但し書きがされている。

交渉実務の難しさを考えれば意地の悪い見方となるが、まるで「当社調べ」や、「効果には個人差があります」とコメ粒ほどの文字で添え書きされた商品を思い出してしまう。

ではなぜ、こんなことになったのか。

2　国際法のおよばない東シナ海

東シナ海でのEEZ設定交渉

ＥＥＺの画定基準を規定した「国連海洋法条約」の登場は、公海における船舶が、所属する国の管轄権のもとに置かれるとする法律上の原則、すなわち「旗国主義」での漁業管理を目指した旧「日中漁業協定」を陳腐化させた。

旧「日中漁業協定」は、東シナ海での漁業管理に関する取決めであったが、領海や一部の水域を除いては、基本的に自由な操業を認めていたので、一九九六年に、日本とともに中国も「国連海洋法条約」の締約国となると、東シナ海を挟んで相対する両国は、ＥＥＺの存在を前提とする漁業協定への改定を求められたのである。

日本は「排他的経済水域及び大陸棚に関する法律」（一九九六年、法律第七四号）を制定。基線から二〇〇カイリまでの領海外にＥＥＺを設定する。東シナ海など、ＥＥＺが境界線ともなる場所については、外国との中間線を越える場合は中間線、または当該国と合意した線で画定する立場を表明した。

対する中国は、権益の喪失や漁場の狭隘《きょうあい》化をまねく中間線で境界画定することを拒否。東シナ海のほぼ全域が、大陸から張り出した大陸棚であり、その陸地領土の自然の延長である大陸棚は中国のものであると主張する。

さらには、沿岸線の長さや人口規模に応じて権利を配分するように求め、南西諸島や琉球列島のすぐ西側にある沖縄トラフ（海底の大規模な凹《へこ》みである海盆）までの海域が、中国に帰属すると主張したのだ。

このため、漁業協定の改定交渉は難航を極め、「国連海洋法条約」時代のなかにあっても、東シナ海の大部分ではＥＥＺの設定ができなかった。日中双方、領域主権の画定に妥協はできなかったのである。

二階建ての掘っ立て小屋

新たに締結された新「日中漁業協定」では、ＥＥＺのかわりに、漁業協定でのみ意味を持つ「日中暫定措置水域」と「中間水域」という、二つの海域が設定される。

「暫定措置水域」は、北緯三〇度四〇分から北緯二七度までの海域において、両国の沿岸から五二カイリの線で囲まれた海域である。まずこの画定交渉が長引いた。駆け引きのスタートラインでは、中国側は離岸一二カイリの領海以外すべて共同漁場とするよう日本側に求めるなど、日中の溝は沖縄トラフのように深かった。

日中漁業協定水域図

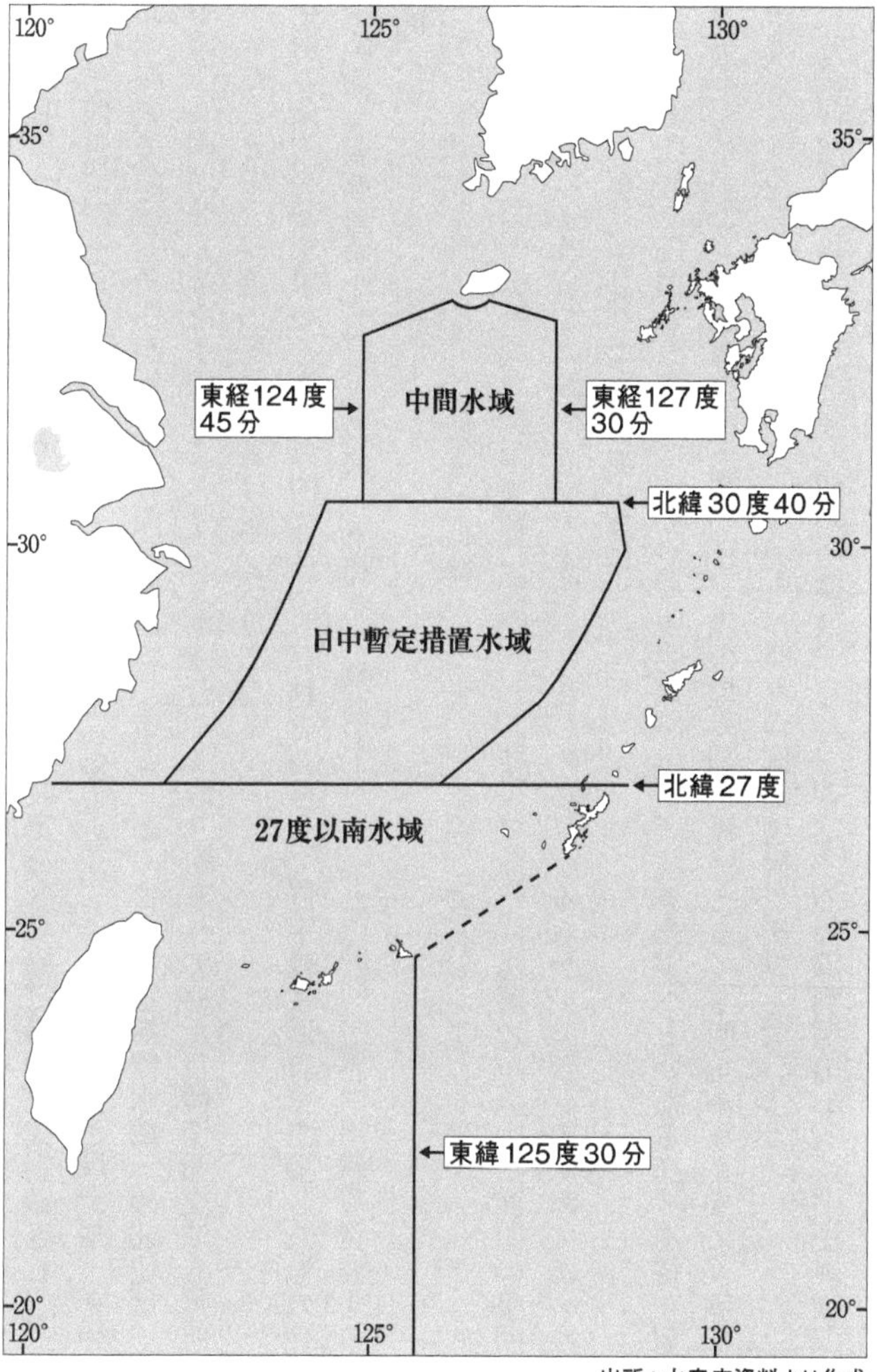

出所：水産庁資料より作成

一九九七年一一月に、ようやく「暫定措置水域」の設定を含む協定案が正式調印され、一九九八年四月に国会承認を取り付けたものの、その後ももめた。「暫定措置水域」や、その北側の海域での操業条件が折り合わなかったのである。とくに「暫定措置水域」の北側は、日中韓三ヵ国がＥＥＺを主張しており、また並行して取り組まれていた日韓漁業交渉も難航していたことで、協議の最終決着は延び延びになる。

早期の条約発効を求める漁業者団体は、しびれを切らして協定終了通告を主張したものの、日中関係全般を考慮する日本政府・外務省の姿勢もあり、最終関門を旗国主義で管理する「中間水域」の増築で突破した。

こうして東シナ海には、〝二階建ての掘っ立て小屋〟が建てられることになる。

日本側が「中国の伝統的な操業実績に配慮」した結果であり、漁業者が「中国漁船の集団での無謀操業による資源の減少、操業不能等に苦しめられ」るなかでの苦渋の決断であった〔全国漁業協同組合連合会『二〇〇海里運動史』〕。

お茶を濁された日本の漁業者は、今でも中間線を引いて境界画定へといたる交渉を待ち望んでいる。しかし「国連海洋法条約」は、先の境界画定経緯をみても明らかなように、解釈の余地が大変多く残る条約である。今後も、時々の国際情勢に影響を受けよう。

一方、自然延長論の採用を強く望む中国は、それを否定する国際判例のトレンドをみて、境界画定で不利益を被ることを回避するため、二〇〇六年に「国連海洋法条約」第二九八条の「規定の適用からの選択的除外」を宣言した。境界画定に関する紛争について、条約上の裁判手続きを受け入れないと宣言したことになる。韓国も同じ宣言をした。

残念ながら、日本の漁業者の気が晴れる日は、当分やってきそうにない。

尖閣問題は「棚上げ」された

新「日中漁業協定」の問題点は、「海洋法に関する国際連合条約の趣旨に沿った新しい漁業秩序を両国の間に確立」すると前文で謳ったものの、その実、中間線原則が採用できなかったことで、日中暫定措置水域と中間水域という、国際法にもとづかない恣意《しい》的で広大な海域が設定されたことにあるのは明白だろう。

しかし、それだけではない。日中暫定措置水域の南、すなわち尖閣諸島を含む北緯二七度以南の取り扱いが、今に続く宿痾《しゅくあ》となっている。

すでに中国は、一九九二年二月に「領海法及び隣接区域法」を制定し、「中華人民共和国の陸地領土には、中華人民共和国の大陸及びその沿海の島嶼、台湾及び釣魚島を含むその附属諸島、澎湖列島、東沙群島、西沙群島、中沙群島、南沙群島その他のすべての中華人民共和国に属する島嶼が含まれる」（第二条第二項）と規定していた。

このため、尖閣諸島や台湾の存在は、漁業交渉に相当の影響を及ぼしたのだ。協定締結の国会承認（一九九八年四月）を求める際、当時の小渕恵三《おぶちけいぞう》外務大臣は、協定について「沿岸国が自国の排他的経済水域において海洋生物資源の管理を行うことを基本とした新たな漁業秩序を日中間に確立することを目的」としていると述べた〔一九九八年四月一五日「第百四十二回国会衆議院外務委員会議事録第八号」〕。

しかし一方で、協定の日本側書簡（一九九七年一一月）には、「日本国政府は、日中両国が同協定第六条（b）の水域における海洋生物資源の維持が過度の開発によって脅かされないことを確保するため協力関係にあることを前提として、中国国民に対して、当該水域において、漁業に関する自国の関係法令を適用しないとの意向を有している」（傍線：引用者）とした。

日本国政府は、EEZを設定して沿岸国主義で漁業資源の管理を実施するための協定としながら、同協定第六条（b）の「北緯二十七度以南の東海の協定水域及び東海より南の東経百二十五度三十分以西の協定水域」（傍線：引用者）とされた海域を、協定適用除外とすることを認めたのである。

そして中国側に、尖閣諸島周辺海域を含む北緯二七度以南において、「排他的経済水域における漁業等に関する主権的権利の行使等に関する法律」（一九九六年、法律第七六号）の

「第五条から第十三条までの規定は、中国国民に対して適用しないこと」を確約する（二〇一二年一一月六日「衆議院議員浅野《あさの》貴博《たかひろ》君提出一九九七年のいわゆる日中漁業協定における尖閣諸島の取り扱い等に関する質問に対する答弁書」内閣衆質一八一第九号）。

尖閣諸島周辺海域での中国漁船の自由操業に根拠を与えたのであった。

条約に明記された中国の主張

しかし中国側は、尖閣諸島が自国領であるという立場なので、同諸島周辺海域での自由操業を〝与えられた〟とは理解していない。

中国側書簡は、日本側書簡の主語を入れ替え、「中華人民共和国政府は、中日両国が同協定第六条（b）の水域における海洋生物資源の維持が過度の開発によって脅かされないことを確保するため協力関係にあることを前提として、日本国民に対して、当該水域において、漁業に関する自国の関係法令を適用しないとの意向を有している」（傍線：引用者）とされている。尖閣諸島の領有権は中国にあるので、北緯二七度以南の海域で日本漁船が操業することを〝認める〟との立場を明確にしているのだ。

これに対して日本政府は、新「日中漁業協定」で北緯二七度以南の適用除外が申し合わされた理由について、「漁業実態が複雑であり、かつ入り組んでいることから、既存の漁業秩序を基本的に維持する」〔前掲の内閣衆質一八一第九号〕ためと述べるにとどめている。

苦しさはまだある。北緯二七度以南のEEZは領域主権が明確でないことに起因して「公海」のように扱うものの、協定の効力は「日本の尖閣諸島」の領海には及ばないと解釈しなければならないのだ。漁業協定上、尖閣諸島の存在をぼやかそうとしても、実際そこに尖閣諸島はあるわけで、日本が島々の領有権を主張する以上、領海は付随して必ず〝発生〟するし、絶対に譲れない。

そこで、あくまで協定が適用される水域は「日中両国の排他的経済水域」であるので、「我が国固有の領土である尖閣諸島の周辺の我が国の排他的経済水域は含まれるが、同諸島の周辺の我が国の領海は含まれない」〔前掲の内閣衆質一八一第九号〕との立場をとることになる。

漁業協定と尖閣諸島の関係を希薄化させることに余念がない日本政府は、漁業問題が尖閣諸島の領有権問題に飛び火することを恐れ、穏便に、事を荒立てず、漁業問題を処理することに努めているのだ。新「日中漁業協定」には、その苦しみが随所ににじみでている。

しかし、尖閣諸島の領有権を主張している中国側には、この解釈や対処策は通じない。尖閣諸島は自国領であり、その領海やEEZも当然に管轄権が及ぶと解釈する。

日本側も、かかる中国の立場を承知しているので、中国漁船が尖閣諸島の領海内に侵入した場合の対応に苦慮する。むやみに取締りをしてしまうと、中国と交わした往復書簡の〝意義〟を軽視することになってしまうためである。

立ち往生する日本

新「日中漁業協定」が、尖閣諸島の存在を目立たせず、覆い隠す意図をもって締結されている以上、協定違反を理由とした主権発動行為である拿捕《だほ》は、中国の強烈な反発を招くため、ほとんど不可能となっている。

海上保安庁や水産庁は、中国漁船の違法操業が確認された場合、その場で退去警告するか、写真・映像などで証拠を押さえ、中国側に外交ルートで対処を要請するしかできない。尖閣諸島の領海内であっても、日本主導の漁業秩序は、そう簡単に確立しないのだ。

操業が確認できなければ、無害通航権が認められる可能性があるため退去要請も容易ではない。東シナ海、とくに尖閣諸島のある北緯二七度以南では、日本にＥＥＺを設定し、管轄権を十分に行使する力がないのがリアルな姿となっている。

かかる「日中漁業協定」の書簡や運用実態から明らかになることは、日本政府が尖閣諸島を巡り、中国との間で認識や立場に違いがあると認めるとともに、この問題を少なくとも漁業協定上は「棚上げ」しているという事実であろう。

結局のところ日本は、国力を増大させる中国の前で立ち往生を続けるしかない。

さらに付言すると、新「日中漁業協定」は、中国勢を圧倒していた日本漁船団が衰退し、日本と中国とで漁船規模や隻数、漁獲量などで形勢が逆転する状況下で結ばれている。EEZの境界画定ができていない日本が、中国との漁業協定を締結しない場合、日本にとっては中国漁船の〝暴走〟を遮るものが何もなくなってしまうという現実もあるのだ。日本側には、一方的に等距離原則で中間線を引き、そのラインまで中国漁船を押し戻す力はない。漁業協定がなければ計り知れない被害が及ぶだけだ。新「日中漁業協定」は、〝宿題をため込んだ協定〟だが、日本政府は膨張する中国を前に、山積みになった宿題を解く気力も能力も失いつつある状態となっている。

事実、新「日中漁業協定」の不出来をなげくのは簡単だが、国力を増大させ自信を深める中国の圧力、すなわち経済力・軍事力に裏付けられた有形無形の圧力は、新「日中漁業協定」第一四条にもとづく協定破棄（終了）すら不可能にさせている。

そして中国の圧力は、日本政府を「日台民間漁業取決め」締結へと突き動かす一因となり、日本の漁業者にとっては、さらなる東シナ海漁場の縮小につながっていくのである。これについては、第二章の後半で述べよう。

3　危機的状況の東シナ海漁業

中国漁船は条約にもとづいて自由に操業している

現在、東シナ海では、中国の底びき網漁船や虎網漁船、灯光敷網漁船などによる大量漁獲が大きな問題となっているが、要因には、新「日中漁業協定」によって日本がＥＥＺをほとんど確保できていないことがある。

そもそも漁獲割当量（漁獲量の上限目標値）についても、中国側有利の状況が続く。二〇一六年一一月に開催された第一七回日中漁業共同委員会の決定では、暫定措置水域で操業できる日本漁船は、「中国側一万七三〇七隻以内」に対して五％弱となる「八〇〇隻以内」、漁獲量の上限目標値も、中国側一六四万四〇〇〇トンに対して七％弱となる一〇万九二五〇トンとなっている。

中国漁船への割当はこれでも減った方で、二〇一二年時点では、一万八二一四隻で一七〇万三一六一トンとなっていた。

現在、暫定措置水域での日本側漁船の操業実績は落ち込んでおり、大中型まき網漁船が孤軍奮闘するのみとなっているが、その場面でも、高性能なソナーやレーダーを搭載した、魚群探索能力の高い日本漁船を目印に中国漁船が周囲を取り囲み、日本では使われていない高出力の集魚ライトを灯《とも》して真横で魚を持ち去ってしまうこともある。日本漁船は洋上に浮かぶアドバルーンであり、中国漁船のターゲットなのだ。みすみす魚の在処《ありか》を中国漁船に教えるのはバカらしく、日本漁船は暫定措置水域や中間水域に出向く意欲を失っている。東シナ海は事実上、中国漁船が独擅場《どくせんじょう》とする海となってしまったのだ。

直近では、中国漁船も日本製のソナーやレーダーを入手するようになっており、日本漁船は規模の面だけでなく、漁獲能力の面でも苦しい立場に追いやられている。

日本漁船団は排他的経済水域すら失いかねない

新「日中漁業協定」では、日中双方のＥＥＺで、互いの漁船が操業することも認めている。この場合、水域を有する国が管理する沿岸国主義にのっとった漁業管理が実施されることになっているのだが、ここでも問題が発生している。

取決めでは、中国漁船が日本側ＥＥＺで操業できる隻数および漁獲可能量は、日本漁船が中国側ＥＥＺで操業できる隻数および漁獲可能量とほぼ同じ水準になっている。しかし、日本漁船にとって、ところ狭しと中国漁船が操業し、資源状態が悪い中国側水域にでかけるメリットは皆無で、一方的に中国漁船が日本のＥＥＺを利用するだけとなっている。日本漁船団は、東シナ海のＥＥＺすら失いつつあるのだ。

事実、サバやイカなどを狙う中国漁船が、日本側ＥＥＺで操業できる隻数・漁獲可能量は、二〇一六年時点で、二九〇隻・八七二〇トン（うちイカ釣り漁船五〇隻・漁獲割当量三五二〇トン）とされているものの、日本漁船の中国側での漁獲実績はゼロだ。

日本側に入域した中国漁船は、「中間水域」東側の男女《だんじょ》群島周辺（長崎県五島《ごとう》市）などを優良漁場と見定め、操業をおこなっていた。

ただし、二〇一七年漁期以降、日本側ＥＥＺへの中国漁船の入漁条件は、日中漁業共同委員会（日本側は外務省と水産庁の高官が出席）での政府間交渉で折り合いがつかず、継続協議となって中国漁船の入域は見合わせとなっている。

表面的にはイカの漁獲割当を減らしたい日本側に対して、中国側が納得しなかったためとされる。ただこの件は、相互入域に何のメリットもなかった日本側が、ようやく重い腰を上げたことを意味しており、中国の海洋進出への牽制《けんせい》球としての側面も感じられた。

中国の海洋覇権に、アメリカが対抗姿勢を打ち出すようになったことと歩調を合わせる意味合いだ。水産庁は従来の中国漁船の入域には批判的であったので、とくに政府・外務省の姿勢の変化が顕在化したともとれる。

東シナ海から駆逐される日本船団

今でも日本の漁業生産を、その高い漁獲能力で支える大中型まき網漁船は、東シナ海・黄海全域を漁場にアジ・サバ・イワシ・イカなどを漁獲し、尖閣諸島付近でも同様の操業をおこなってきた歴史を持つ。

ところが中国勢力が増大してからというもの、凋落《ちょうらく》が著しい。隠れキリシタン文化で知られる長崎県生月島《いきつき》は、まき網漁業の聖地ともいえる島であり、その土地で生まれ育った者は地元船に乗ることがなかば慣習化していたが、今ではその光景も失われつつある。

ピーク時にはおおよそ二五ヵ統（一ヵ統は網船・探索船・運搬船の四～六隻で構成される船団）を数えた島の船団も、現在六ヵ統にまで縮小している。

漁業の衰退とともに島の衰退も進んでおり、人口はここ二〇年で三割以上減少した。主要地の衰退を受け、東シナ海を中心に操業する大中型まき網漁船による生産量は、一九八九年の六四ヵ統三八万六〇〇〇トンから、二〇一八年の二〇ヵ統一一万四〇〇〇トンへと落ち込むことになった〔日本遠洋旋網漁業協同組合資料〕。

ただ、大中型まき網漁業は、漁場を三陸沖や道東沖など北部に移すことができたので、東シナ海での操業が難しくなるなかでも全滅を免れた。しかし、以西底びき網漁業は悲劇的で

生月島の舘浦漁港に停泊する大中型まき網漁船

存亡の危機にある日本の以西底びき網漁船

あった。許可が「以西」である以上、東シナ海から離れられなかったのだ。

長崎県以西底曳《そこびき》網漁業協会が取りまとめた、二〇一二～二〇一四年の以西底びき網漁船の海域別操業割合は、暫定措置水域と中間水域が二％ほどしかなく、新「日中漁業協定」で設定された広大な「共有漁場」から排除されていることがわかる。

排除された結果、操業した海域の割合は、中国漁船が入域できる日本のＥＥＺが二五％、中国漁船が入域できない日本のＥＥＺが六七％となっている。

専業ではわずか八隻となった日本の以西底びき網漁船団の姿は、衰退著しい日本の東シナ海漁業を象徴するとともに、海を中国に明け渡した日本の姿そのものなのだ。

一九六〇年には八〇〇隻ほどの以西底びき網漁船が東シナ海に展開し、三五万トンの漁獲を実現していたが、今日では、かかるわずかな勢力と海域で、年間三五〇〇トンほどのレンコダイやマダイ、アカムツ等を生産するので精一杯となっている。

懸命に働く漁業者の奮闘ぶりとは裏腹に、生産規模は半世紀をかけてわずか一％に縮小してしまったのである。

日本の漁業者は尖閣漁場でも追いつめられている

「日中漁業協定」によって「公海」のようになった北緯二七度以南水域には、尖閣諸島という極めて優良な漁場がある。今日その「尖閣漁場」では、浙江《せっこう》省や福建《ふっけん》省などから漁船がやってきて、条約に抵触しない形で操業している。

その影響を正面から受けるのが、鹿児島県や熊本県、沖縄県の底魚一本釣り漁業者や底え縄漁業者たちである。彼らの船は、沖縄に多い一〇トン未満船を除けば、ほとんどが一九トン型のＦＲＰ（繊維強化プラスチック）船だ。

中国漁船は五〇〜一〇〇トン程度の鋼鉄船であることが多いため、フルトレーラーを牽引した大型トラックと、タイヤをすり減らした軽トラックほどの体格差がある。

そんな大きな中国漁船は、日本漁船が夜間錨泊《びょうはく》しているすぐ横で、煌々《こうこう》と集魚灯をたいて操業することも珍しくない。そのため、海底にたらした数百メートルのアンカーロープと、中国漁船がひっぱる漁網とが絡まることを不安視する漁師が大勢いるのだ。

ＦＲＰでできた小規模な日本漁船は、網の沈下などに巻き込まれたり、錨《いかり》をおろして身動きできない時に接近され、衝突でもされたらひとたまりもない。操業で疲れた体を癒《いや》す夜間に、周囲を警戒するため、ゆっくり休むことができないストレスは大きい。

安心して操業できる漁場が狭まることは、漁獲圧力を分散できなくなることを意味する。中国漁船との競合が少ない漁場を、複数の日本漁船が連続して操業することで、定着魚を狙うタイプの漁業は、資源の枯渇という問題に直面している。

尖閣漁業は直撃弾を受けた

「日中漁業協定」が沖縄県の小型漁船に影響を及ぼすケースもある。かつては一〇トン未満船も尖閣諸島周辺に出漁していたが、現在は出漁が難しくなっているのだ。尖閣諸島に出向くことはあっても、それは正規の操業ではなく、外国漁船の監視事業を名目とした、水産庁の補助事業に参加するための航海であることが多くなっている。

小型船の腰が引けた行動は、尖閣諸島周辺に展開する中国漁船や中国公船（軍艦とは一線を画す海上警察組織の船）に遭遇した場合、漁場を追われる（または自ら退く）ことを想定しているからである。操業条件が悪化しているなか、高い燃油を使い漁場に出向いても、魚価安のなかで採算がとれるだけの漁獲が見込めない苦境を示しているといえる。

漁船が小型になればなるほど、漁獲物の積載可能量や耐波性、漁場滞在時間などの制限があり操業が困難となる。沖縄県の小型漁船は、マグロ漁船やソデイカ漁船といった一部を除いて、沿岸域に押し込まれる形でしか生き残れなくなっている。

こうした状況にあって、とくに厳しいのが尖閣諸島の領海内を漁場とする「尖閣漁業」だ。尖閣漁業の主役は、領海内での操業が年間漁獲量の三割から四割に達することも珍しくない、九州は鹿児島の岩本《いわもと》船団と、熊本は樋島《ひのしま》の深海一本釣り漁船が務めている。

彼らの船はいずれも一九トン型のＦＲＰ船で、一九七〇年代後半から一九八〇年代初頭にかけて、尖閣諸島周辺の漁場を開拓し、利用するようになった。

開拓当初の尖閣漁場では、一週間程度の航海で六トンほどのマチ類（アオダイ・ハマダイ・ヒメダイ・オオヒメ）を漁獲していた。当時のキロ単価は二〇〇〇〜二八〇〇円にもなり、さらに燃油もリッター約五〇円と格安であったので、遠隔漁場でも余裕をもって経営ができた。六トンも獲れれば、安値で買い叩《たた》かれても一二〇〇万円である。そこから経費が引かれたとしても、尖閣漁場は宝石箱であると言ってよかった。

やかましい「国連海洋法条約」などなかった時代である。ＥＥＺの概念もなく、漁模様が好調な時は小さな船にもかかわらず、尖閣諸島を越えて、台湾近海やプラタス諸島（東沙《とうさ》諸島）などで操業することもあった。小笠原《おがさわら》諸島の硫黄島《いおうとう》や、マリアナ諸島の周辺にまで出向く強者《つわもの》もいた。

いまだに当時を偲《しの》んで、「東沙の魚はカタはイイんだけど、鮮度が落ちるのが難点でね」と目を細める漁師も少なくない。

苦しい熊本・鹿児島の漁師

もちろん現在はこうした遠出はできなくなり、熊本の漁船であれば、一一月から翌三月まで尖閣諸島や与那国島《よなぐに》の漁場を利用し、四月から七月は沖縄本島と宮古島《みやこ》の間、八月から一〇月は日中暫定措置水域南東部を利用することが恒例パターンとなっている。

基本的にすべての漁場が北緯二七度以南であり、水揚港も補給地の那覇《なは》とする。沖縄県にはマチ類を好む食文化があり、セリ値が期待できるためだ。

ただ北緯二七度以南の漁場は、中国・台湾漁船との競合海域であり、とくに冬季に利用する尖閣漁場は、最大で年間水揚げ量の四割、金額の五割を占める漁場にもかかわらず、中国のサンゴ漁船が投棄した網と一本釣り漁具が絡まる懸念や、中国公船の展開による漁場喪失の危機に直面している。魚釣島周辺では、台湾の遊漁船らしき船との競合もある。

近年の釣果は、一日三〇〇キロあればかなり良い方で、一航海二トン、年間五〇トンが目標だ。高級魚であるマチ類のキロ単価は景気動向に敏感で、八〇〇〜一五〇〇円と変動が大きい。年間水揚げ金額は五〇〇〇万円を基準に、上下に一〇〇〇万円もの振れ幅がある。直近では、コロナショックによるインバウンド需要の消滅と、高級魚の値崩れに悩まされている。

苦しいのは熊本の漁師だけではない。鹿児島の岩本船団も同じ苦しみを味わう。

岩本船団は、指宿《いぶすき》漁協とその隣にある喜入《きいれ》町《ちよう》漁協に所属する三隻の漁船からなる。今では船団と呼べるほどの規模ではなくなったが、この船団は、一九七〇年にマチ類の一本釣り漁

尖閣漁場で釣り上げたマチ類の出荷作業

岩本船団の出航式。漁師、地域住民、漁協職員がお神酒をかわし、操業の安全を祈願する

業を始め、徐々に南方の漁場に展開。そして一九八〇年代初頭、ついに尖閣漁場に到達する。一九九〇年代前半までが全盛期で、最大一六隻の陣容を誇った。

当時は、各船一日一トンもの漁獲があり、キロ単価も二〇〇〇円を超えることが珍しくないなかで活況を呈す。他の漁業をやめて尖閣に向かった漁師や、新たに大きな船を購入して参入した漁師もいた。

岩本の漁師は堅実で、この時の儲《もう》けで農地を買い、オクラの栽培を始めた者もいた。現在、岩本船団の根拠地である指宿市がオクラの生産で日本一となっているけれども、当時の豊漁がこれに少しは貢献しているのかもしれない。

隆盛を極めた岩本船団であったが、二〇二一年現在、やはり中国公船の展開に苦しめられており、乗組員の慢性的な不足や資源の減少などと相まって、一日三〇〇キロの漁獲を目標に苦労を重ねている。尖閣漁業は風前の灯火《ともしび》となっているのだ。

日本政府の被害軽減策

尖閣漁場を喪失した場合の影響を金額換算することは、資源状況や海象条件の変動があり簡単ではない。けれども新たな漁場を探し求めて、水揚げを維持しようとする漁師の努力は常に払われている。収入減を補おうと、睡眠時間を削っての長時間操業もおこなわれている。

ただ、かつて岩本船団に所属していた芳栄丸（現在は廃業）の場合、二〇〇七年度から二〇一一年度の平均水揚げ金額約四〇〇〇万円が、中国公船が登場しはじめた二〇一三年度には約三四〇〇万円に落ち込んだ。

中国公船が常駐する現在、直接・間接の影響はこの比ではないだろう。実際、岩本船団では中国公船が進出してきた時期を境に、魚種転換・廃業・休業を決めた船が四隻あった。

中国公船の影響は、長崎県南島原市《みなみしまばらし》の有家町《ありえちょう》漁協に所属する一九トン船二隻にもおよぶ。夏から秋のマハタの産卵期に、資源保護のため日中暫定措置水域を避けるようにして尖閣諸島周辺で操業していたものの、中国公船の展開で、産卵期も日中暫定措置水域内での操業を強いられるようになったのだ。

中国公船の影響で漁場が狭隘化するとともに、資源に対する負荷集中と水揚げの減少、そして水揚げの減少を補うための労働時間の増大に直面しているといえよう。

日本政府は、こうした日本漁船の操業環境悪化に対して、外国漁船操業等調査・監視事業を展開した。事業の特徴は、操業しながらの調査・監視が認められていることであり、熊本・鹿児島の船の場合、年間三〇〇〇万円前後の助成実績がある。

残念ながら現状では、外国公船の展開を理由とした漁獲補償制度は整備されておらず、この外国漁船操業等調査・監視事業が命綱となっている。

中国の圧力が日々高まり、不安定な経営を余儀なくされるなかで、尖閣漁業の灯を守る、極めて重要な経営安定対策なのだ。

「尖閣は本当に日本の島なのか」

混迷の様子は第五章で詳述するが、尖閣諸島の「国有化」があった二〇一二年九月以降、中国公船の尖閣諸島領海や接続水域への侵入が急増・常態化し、同海域の緊張は高まっている。中国漁船も公船に引率されて領海侵犯を繰り返す。

現在は、四隻ほどの中国公船が「前衛部隊」として魚釣島接続水域に張り付き、海上保安庁とのにらみ合いが続いている。

「遊撃隊」も別働している。こちらは魚釣島と大正島《たいしょう》の間を行ったり来たりして、尖閣諸島全域を「警備」する中国公船であり、「前衛部隊」と同規模で遊弋《ゆうよく》している。日本漁船は、神出鬼没である後者の「遊撃隊」との遭遇を、とくに嫌っている。

補給・交代などで船団構成は流動性をともなうが、「前衛部隊」と「遊撃隊」を一セットとした場合、だいたい二セット分の公船が常に尖閣諸島周辺に展開している状況がある。そしてその様子を、北側の北緯二七度線付近から人民解放軍の駆逐艦やフリゲートが遠巻きで観察。漁船・公船・艦艇が連携するような動きを見せる時もある。

尖閣諸島領海内を重要漁場とする鹿児島・熊本の底魚一本釣り漁船は、こうした重層的な中国公船との遭遇を避けて操業することはかなり困難となっており、海上保安庁による警護があっても安全操業が保障されなくなっている。現場対応で汗を流す海上保安庁側から、領海内・接続水域内への入域を自粛するよう要請を受ける場合もあるほどだ。

「尖閣は本当に日本の島なのか」。これが日本人漁師の口をついてでた、率直な想いである。

現在の尖閣漁業は、水産庁による外国漁船操業等調査・監視事業によって経営の下支えをしつつ、彼ら日本の漁業者の安全操業をいかに確立するのかが喫緊の課題となっている。確立しなければ、鹿児島・熊本の漁船が尖閣漁場からの完全退場を余儀なくされ、尖閣漁場での日本船の操業、すなわち経済活動はほとんど消滅するであろう。

尖閣諸島にとっては、戦前のかつお節加工業の崩壊に続いて、二回目の産業崩壊となる。

第二章　東シナ海で増す中国・台湾の存在感

1　全盛を誇る中国漁業

建国直後の中国漁業

中国漁業の実態は、政治的な配慮もあり全容を把握することは難しい。今もそうなのだから、中華人民共和国の建国直後は言うに及ばずだ。中華民国時代の漁獲量を低く見積もることで、建国後の共産党政権下での経済政策を過大に評価しようとする動きもあった。不透明感は現代に続く。国連食糧農業機関（ＦＡＯ）でさえ、二〇〇〇年頃から統計の信頼性に懸念を示すようになっている。

ただ中国のデータといえども、トレンドを確認することには使えるし、同時に示される当局の意思は、一党独裁の中国のこと、注目に値する。当局の意思表明は、古くから漁業の位置付けや展開方向を知る手がかりになってきたのだ。

例えば、一九五〇年代の末に示された許徳珩《きょとくこう》の公式発言文「中国水産事業の遠大なる前途」からは、建国直後の中国漁業の立ち位置や存在意義をうかがい知ることができる（日中漁業協議会『日中漁業総覧』）。

この文章で、毛沢東《もうたくとう》や章士釗《しょうししょう》、黄炎培《こうえんばい》など党の要職にあった者たちに近く、北京《ペキン》政府で水産部長という要職にあった彼は、中国漁民は「祖国をまもるために帝国主義者の海賊たちとたたかって」おり、「水産業を発展させ、沿海漁民の生活を安定改善させることは、国防を強化する重要な方法の一つ」であると語っている。

そのうえで、「中国領土台湾はまだアメリカ帝国主義者の支配下」にある今般、「中国漁民と国営機動船漁業の工作人員」は、「英雄的な海軍と呼応して祖国の海防にあたり、沿海において祖国をまもる尖兵となっている」と讃《たた》えてみせた。

明治期の日本と同じく、漁業を富国強兵に資するように育成すべきと訴えたのである。

中国漁業は雌伏して時が至るのを待った

中国政府が建国直後、漁業の育成に力を入れたことは確かなようだ。一九五五年末時点で、すでに国営水産公司が一〇五も設立されていた。

ただ、一九五五年一二月五日付の『人民日報』によれば、一〇五の内訳は、黄海《こうかい》や東シナ海、内水面での漁撈《ぎょろう》を主目的とする公司が二〇にとどまり、八五は養殖業を専らとする公司であったようだ。漁船建造の経験も漁撈技術の蓄積も限られていたからだろう。

そこで中国は、黄海や東シナ海にやってきた日本漁船を拿捕《だほ》・接収し、国営水産公司の漁撈船に転用して技術的キャッチアップに努める。もちろん、こうした非常手段以外の地道な努力も続け、一九五六年段階で二五五万トン程度と推計された中国の漁獲量の一割弱を、先導者たる国営公司による漁獲量でまかなうようになっていた。

当時の主要漁場は黄海である。国営公司も旅大《りょだい》（大連《だいれん》）、天津《てんしん》、煙台《えんたい》、青島《チンタオ》、上海《シャンハイ》などの黄海を囲む都市に置かれた。例外といえば、広州《こうしゅう》の国営南海水産公司など一部であった。

他方、この頃の東シナ海はといえば、日本漁船団の独擅場《どくせんじょう》だった。敗戦直後はわずかにトロール漁船七隻、以西底びき網漁船一四一隻が残存するのみで、すぐに稼働可能な漁船はそのうちの二割ほどであったのが、戦後復興の過程で、食料調達手段として高く評価され、政府・GHQの資金・資材の優先配分を受けて急速に復活を果たしている。

その結果、日本の底びき網漁船は、黄海や東シナ海で年間三〇万トン以上を漁獲し、中国側を圧倒。中国漁業にとって一九五〇年代から六〇年代は、日本勢の躍進を横目で見ながら、雌伏して時が至るのを待つ期間となった。

沿岸から沖合へと駒を進める

中国漁業が徐々に力をつけ始めるのは七〇年代からである。八〇年代以降は、市場経済の導入によって文化大革命での傷を癒《いや》すことを目指した鄧小平《とうしょうへい》が、新たな経済政策を推し進めたことで、漁業界にも好影響がおよぶ。この時、「先富論」を提唱する鄧小平の推進した政策が、いわゆる「改革開放」であった。

まず、七〇年代を通して漁獲量は一・五倍になる。とくに東シナ海と南シナ海で顕著な成長がみられた。中国では沿岸域を「近海」とし、沖合域を「外海」とするので、「近海から外海へ」と向かう外延的拡大政策が成功したといえよう。

八〇年代も成長スピードが弱まることはなく、東シナ海ではトロール漁業が隆盛。総漁獲量の半分程度をトロール漁船が獲《と》ってきたとする試算もある。一九八六年には、「中華人民共和国漁業法」、翌八七年には「実施細則」が制定され、近海・外海・遠洋の定義といった基礎的なことや、資源管理方針などが明確にされる。漁業の国家的意義や位置付けがよりクリアになったことで、法整備の必要性がでてきたものといえた。

成長は一九九〇年代になっても続く。漁獲量は六〇〇万トン水準から、一気に一五〇〇万トン水準にまで増大。膨大な量の水産物が、世界市場に送り出された。

成長産業・外貨獲得産業として目覚ましい発展を遂げ、農業部門からの余剰労働力も流入する。漁業部門外からの投資も活発化した。「漁業税」の徴収も九〇年代に入ってから本格化し、国家にとっての意義はますます大きくなっていった。

その一方で、沿岸域での乱獲や水質悪化などがあり、管理体制の強化が求められるようになったのも、また九〇年代だ。一九九五年には夏季休漁制が導入され、一九九九年には、あえてゼロ成長政策が採用された。二〇〇二年には、年間六〇〇〇隻の旧式漁船を減らす減船政策や、転業資金融資の仕組みも導入された。

ただ、管理体制の強化は漁業者の反発も招く。保持が必須《ひっす》の「漁業捕撈許可証」、「漁船登録証」、「漁船検査証」を持たない、非合法の「三無漁船」による密漁が多発したのだ。中国国内では、取締当局にお手製の「武器」で反撃する漁業者の姿もみられた。

日本も無関係ではいられなかった。大陸沿岸域の資源悪化は、中国漁民が押し出される形で日本沿岸域に出漁することを意味したからだ。この頃、日本国内で旧「日中漁業協定」の改定が求められるようになったのは、時代の必然といえた。

浙江省舟山市の漁業発展

中国漁業の有力地としては、山東省《さんとう》、遼寧省《りょうねい》、広東省《カントン》、海南省《かいなん》、福建省《ふっけん》、浙江省《せっこう》などがあ

巨大な水産都市となった舟山市

る。いずれも沿岸域にある省だ。中国では内水面漁業も盛んであるので、吉林《きつりん》省などの内陸部にある省でも、漁業生産がかなりの規模でおこなわれている。

しかし、輸出戦略や対外戦略との兼ね合いで、漁船漁業を主力とする省がより重要視されてきた。商品性が高いものを産出していることや、海洋権益の確保との関係から、重点的な産業育成策の対象となっているのだ。

山東省や遼寧省は黄海に、広東省や海南省は南シナ海に面している。山東省のイカ釣り漁船団は有名で、スルメイカを追って日本海の大和堆《やまとたい》まで来て、取締りを実施する水産庁・海上保安庁とイタチごっこをする。

福建省はちょうど台湾海峡に面しており、北部が東シナ海、南部が南シナ海に接している。福建省は、東シナ海と南シナ海の双方を利用する漁民がいることで、日本だけでなく台湾やフィリピン、ベトナムなど、複数の国の漁民と競合関係にある。対立の様子がグローバルニュースに取り上げられるこ

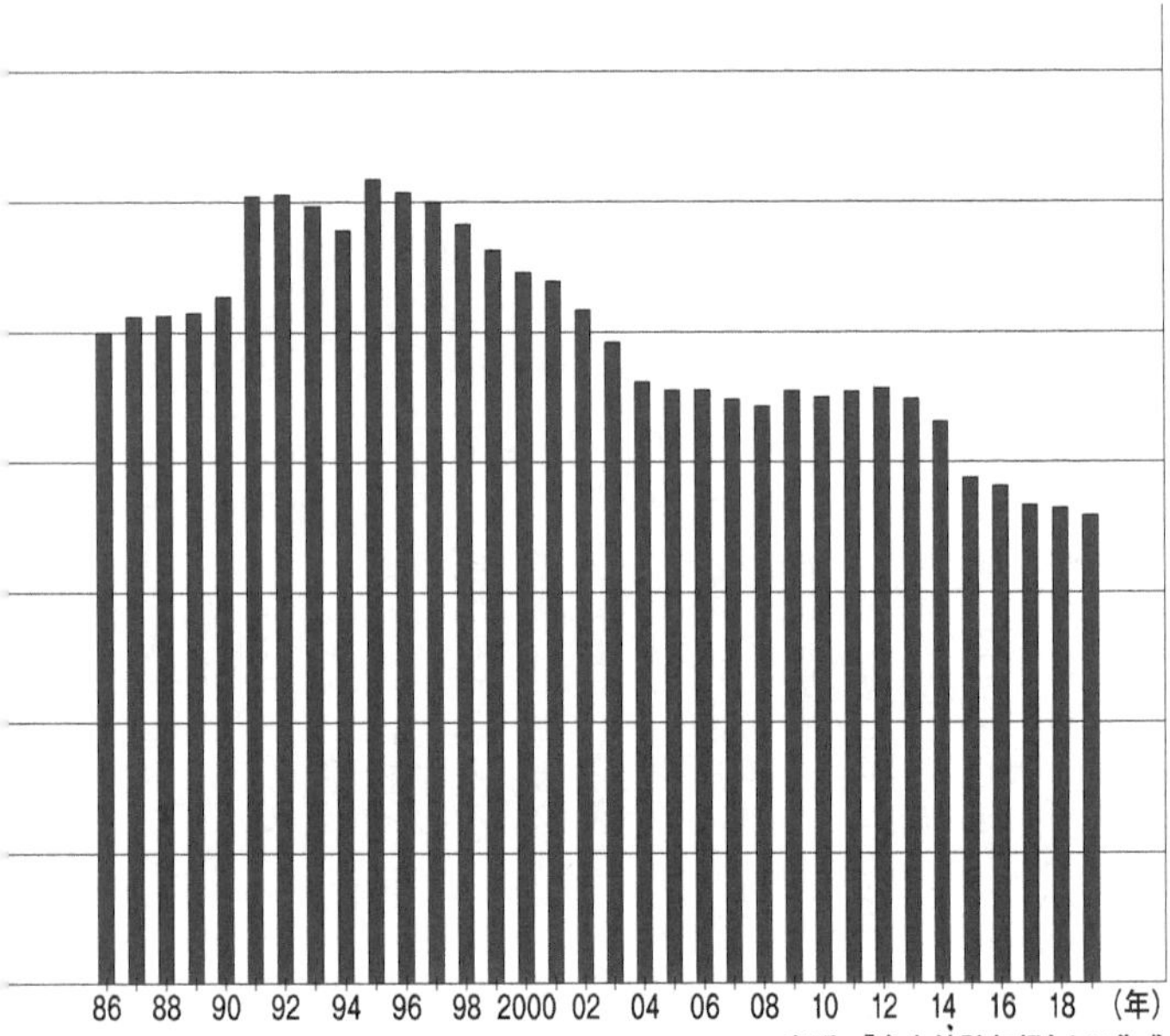

出所：『舟山統計年鑑』より作成

とも珍しくない。

浙江省は黄海の出口にあり、東シナ海を極めて重要な漁場とする漁民が多く暮らしている。日本漁船と競合関係にある船も多く、東シナ海で操業する日本の漁師たちにとっては〝身近〟な存在だ。今ほど関係が悪くなかった時代には、海の真ん中で船を横付けし、タバコや酒を物々交換したという話を聞いたことがある。

この浙江省には舟山《しゅうざん》市という巨大な漁業基地がある。中国で唯一、群島によって構成された「都市」だ。島々の数

浙江省舟山市における動力漁船隻数の推移

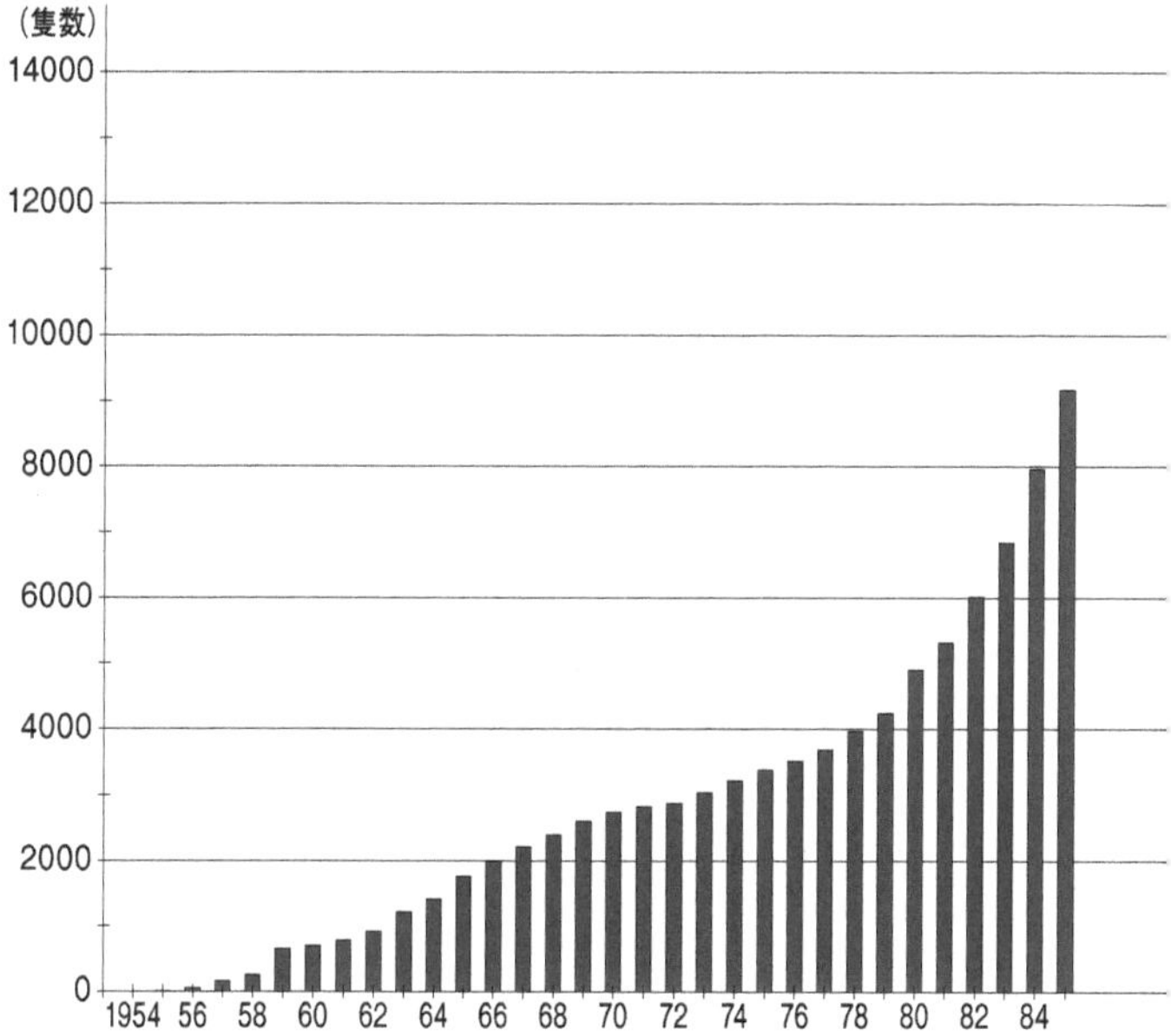

は一三九〇にもなる。二〇一八年時点の人口は一一七万三〇〇〇人で、うち「漁業労働力」人口は、一割弱の一〇万七〇〇〇人だという〔舟山市統計局『舟山統計年鑑』〕。日本の漁業就業者が約一五万人である。もの凄《すご》い人数だ。

舟山市では、国家海洋事業発展計画綱要（二〇〇八年）にもとづき、漁業だけでなく造船など、海洋関連産業の育成・集積が進む。中国共産党が悲願とする「海洋強国の建設」という戦略目標の実現に、重要な役割を果たすことが期

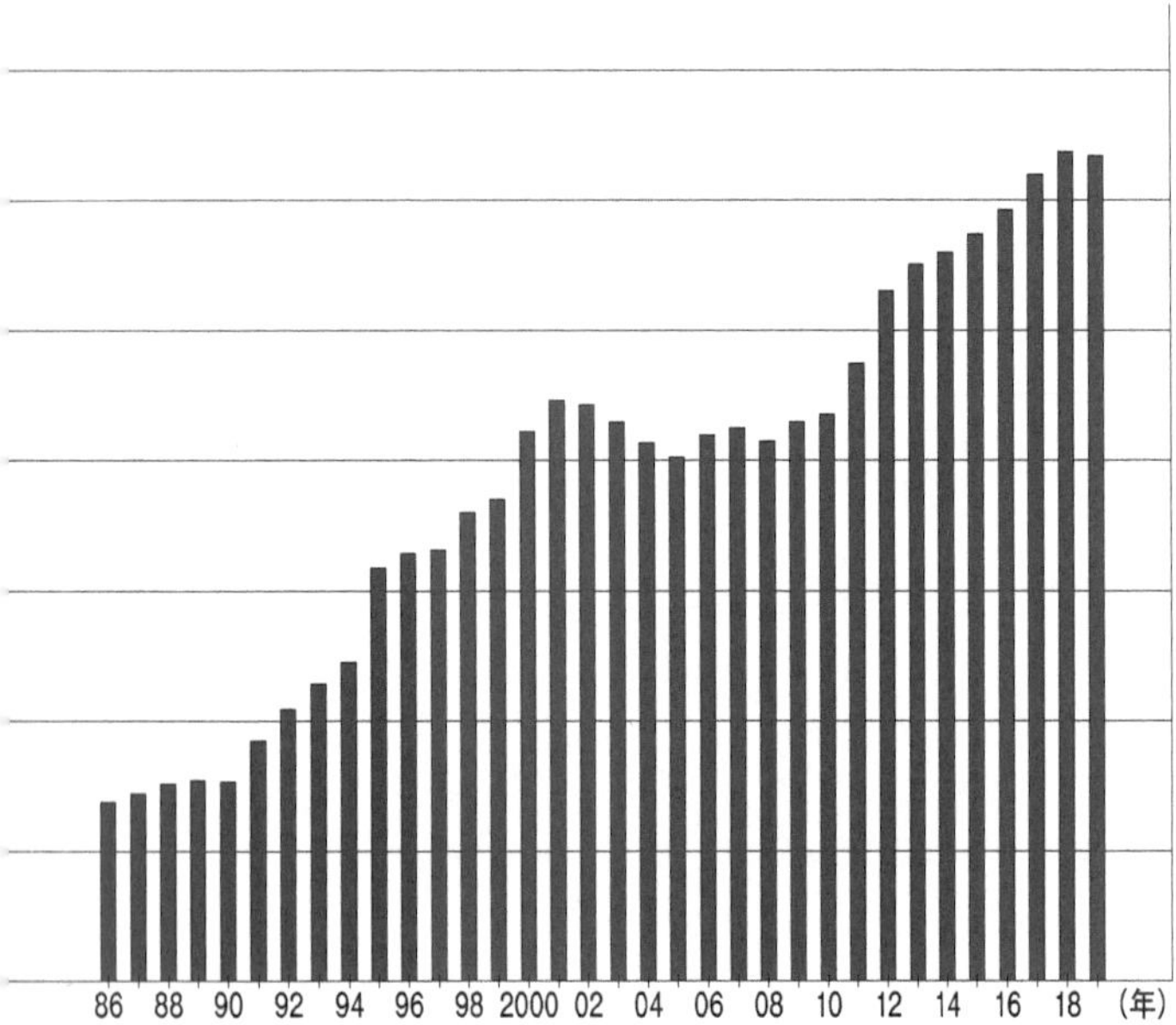

出所：『舟山統計年鑑』より作成

待されているといえよう。

舟山市の「根元」にある寧《ニン》波《ポー》市には、中国人民解放軍が誇る三大艦隊の一つ、東海艦隊の司令部が置かれているので、地政学的にも要衝だ。

「祖国の漁都」という美称が付けられている、この舟山市の漁業勢力だが、一九五〇年代から一貫して拡大している。『舟山統計年鑑』によれば、動力漁船隻数こそ、一九九〇年代の一万二〇〇〇隻水準をピークに漸減傾向にあるものの、総トン数は二〇〇〇年代に足踏みして以降、再拡大局

浙江省舟山市における動力漁船総トン数の推移

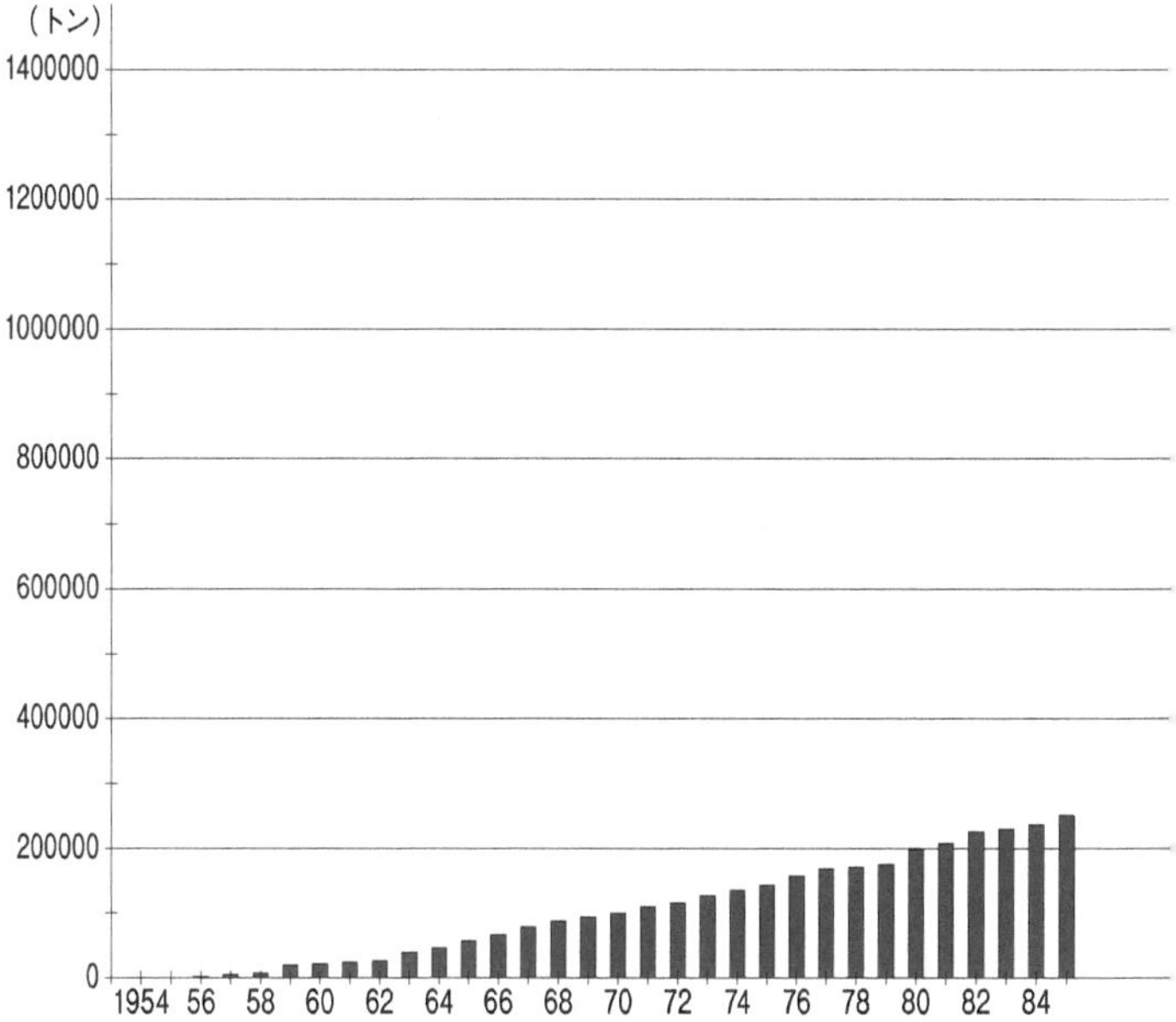

面に入った。漁船の大型化が進んでいることがわかる。九州の大型まき網漁船で、ながく船頭を務める漁師も、「浙江の船はボロ船だったのに」と驚く。

　漁船漁業生産量の増加も顕著で、一九八〇年代から九〇年代にかけての飛躍を経て、二〇一〇年代に〝ロケットの二段目が点火〟して再加速しているような状況だ。大陸沿海ではフウセイやキグチを漁獲し、それ以外の東シナ海ではタチウオやサワラ、イカなどが主要な産品となっている。

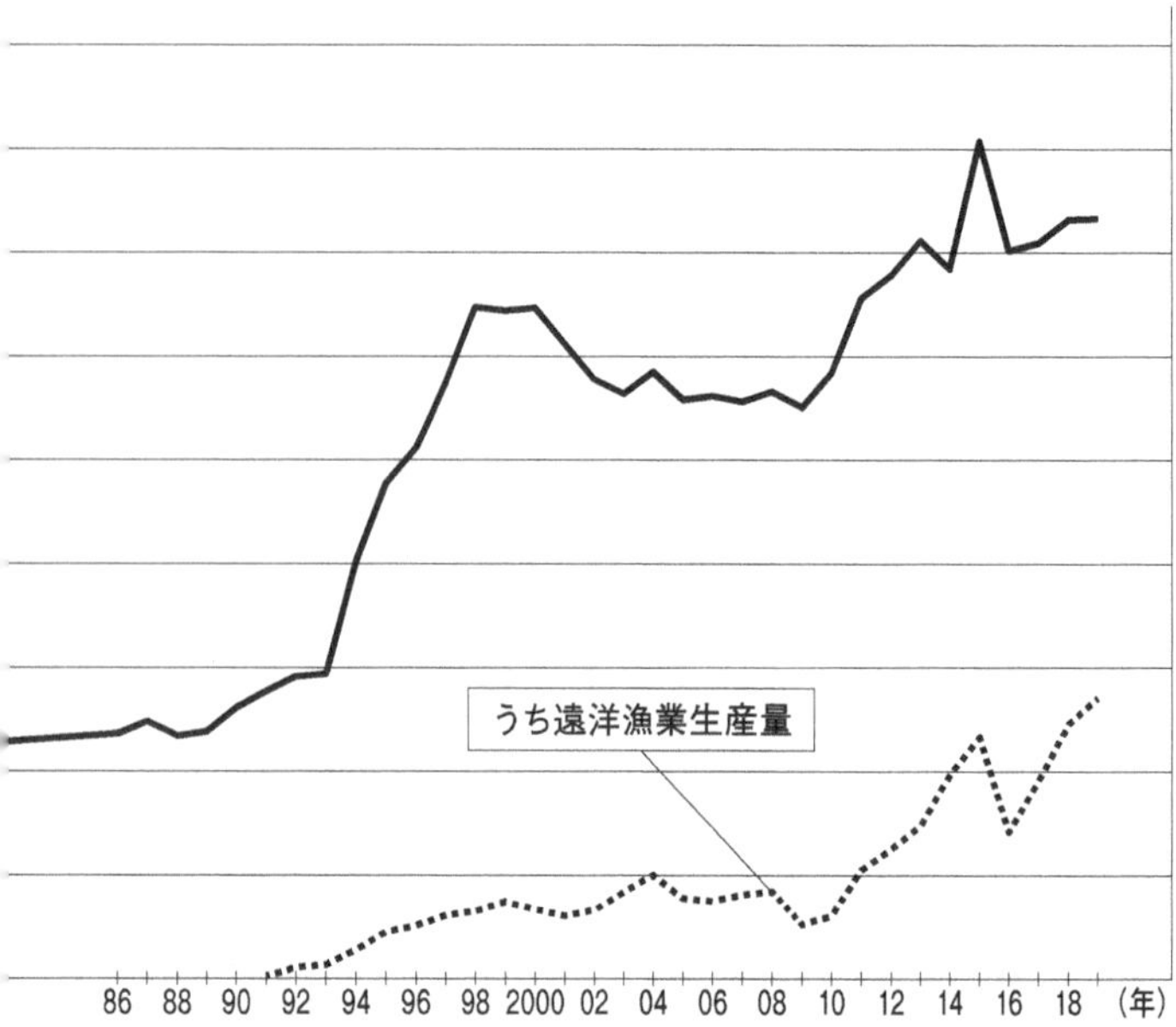

出所：『舟山統計年鑑』より作成

日本漁船にとっては、千隻単位の巨大勢力は脅威でしかない。

漁船漁業生産量の拡大と漁船の大型化については、一九九〇年代初頭から胎動があり、二〇一〇年代に勢力の顕在化がみられた〔前掲『舟山統計年鑑』〕。ロケットの二段目点火は、遠洋漁業の拡大が演出したとみてよいだろう。

中国は「遠洋強国」となった

中国では一九八〇年代以降、漁業の目覚ましい発展がみられた。特筆すべきは、漁場の

浙江省舟山市における漁船漁業生産量の推移

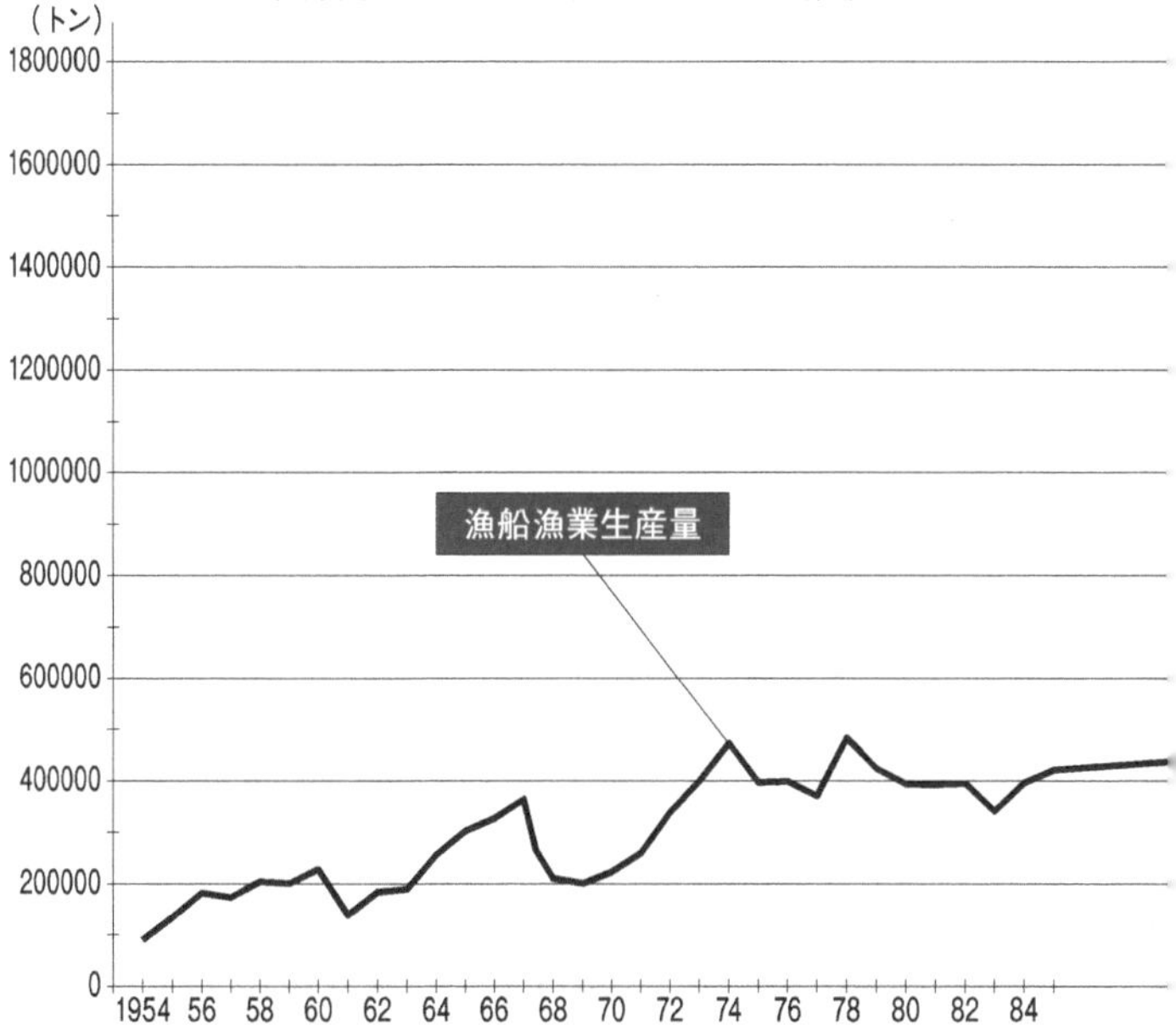

急速な外延的拡大である。遠洋漁業の創始であり、これは中国漁業が拡大路線をひた走るなかで起こった、画期をなす出来事となった。

世界にとっては小さな、しかし中国漁業界にとっては大きな第一歩が、一九八五年三月、福建省馬尾《ばび》港から踏み出される。二二三人の船員が乗り込んだ一三隻の遠洋漁船が、スペイン領カナリア諸島のラス・パルマスに向けて、静かに出港したのであった。

当時はまだ福州《ふくしゅう》市ののどかな田園地帯の一角に建設され

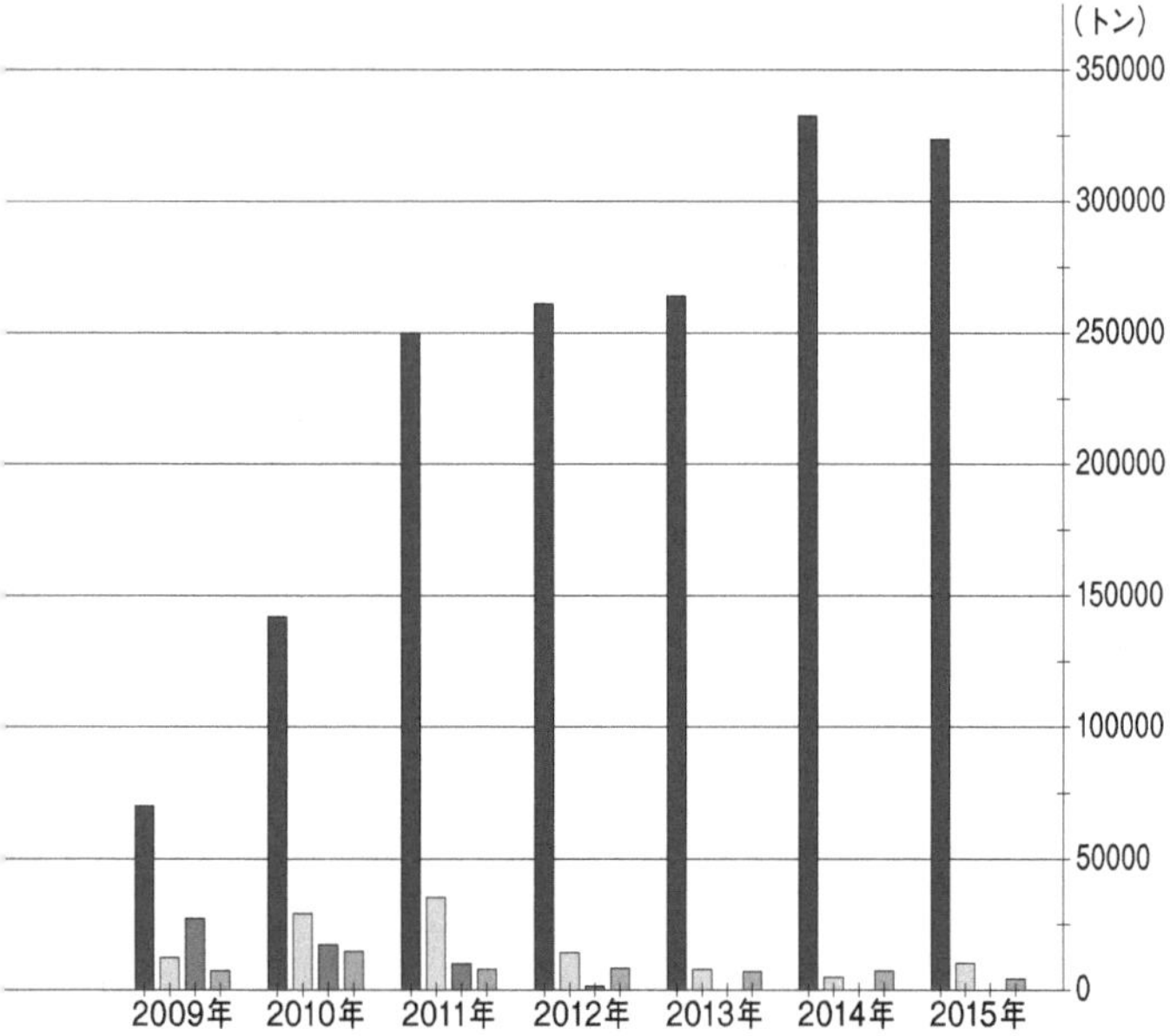

出所：FAOのデータをもとに水産庁と国立研究開発法人水産研究・教育機構が作成

た、小さな港から船出した彼らは、その後、ギニアやギニアビサウなどの西アフリカ諸国と「連携」し、大西洋漁場を次々開拓。先発隊としての役割を見事に果たしたのだ。

　こうした遠洋漁業開発もまた、中国が邁進《まいしん》した改革開放政策の一環に位置付けられていた。漁業も漁村集団経営から請負制を経て、株式制に転換し始めており、会社組織により経済合理性を追求した操業が志向されはじめていく。

　大西洋への第一歩から二〇〇〇年までの短期間に、のべ

アジア諸国のアメリカオオアカイカの漁獲量

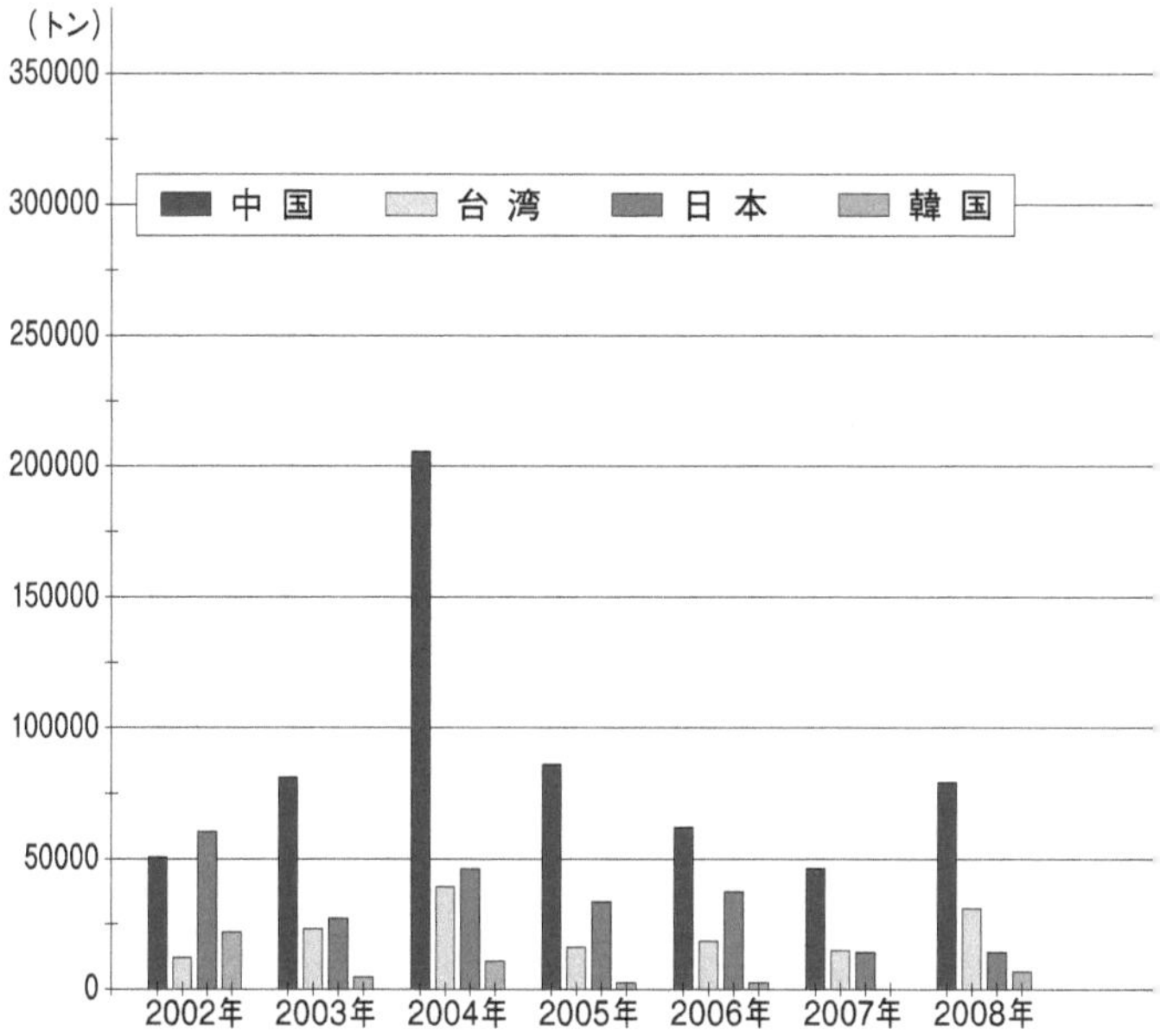

一七〇〇隻もの遠洋漁船が世界の海に展開する。二〇〇〇年以降は、「国連海洋法条約」時代の制約から、公海域の開拓に注力するようになり、公海専門の船団が増強された。

遠洋漁業の順調な発展によって、二〇一〇年頃には遠洋漁場で年間一〇〇万トン以上の魚を獲るまでになっていたが、中国政府は外延的拡大政策の手を緩めることはしない。二〇一二年には「遠洋漁船更新改造扶持政策」を打ち出し、新船建造に巨額の補助金を投入。代船建造や新規参入を後押しした。建造された精強な漁船は一三〇〇隻を数えたとされる。

超低温冷凍装置を搭載した最新鋭のマグロはえ縄漁船など、新技術がふんだんに投じられた新船の〝戦闘能力〟は高い。大西洋などで競合関係にある日本を凌駕《りょうが》する船もある。

二〇一四年には、二四六〇隻にまでなった大船団によって、漁獲量は二〇三万トン、漁獲金額は一八五億元に達したとする報道もでた。漁場は餌料《じりょう》となるオキアミを狙って南氷洋（南極海）にまで拡大している。

今日、中国は「遠洋強国」の自覚を胸に、アフリカ諸国や南洋諸島など二〇ほどの国々と漁業協定を締結し、ODAなどを絡ませて有利な資源アクセス権を確保するようになった。日本の漁業会社が、採算性の悪化から手放さざるを得なくなった権益を、操業コストの低さを武器に待ち構え、ポートフォリオに組み込むこともある。ペルー・チリ沖などが重要漁場となっているアカイカ漁も、そうした中国勢の強さが光る漁業となった。

中国は貪欲《どんよく》に漁業権益を確保するだけでなく、現地に水産加工基地や港湾・空港などの物流施設を建設し、強固なサプライチェーンを構築する。「国家ぐるみ」の活動に、個別企業の取り組みをつなぎ合わせて対抗するしかない日本勢は、歯が立たないのだ。

遠洋漁業は「流動的国土」

遠洋漁業開発が成功した中国は、イカやサンマといった「大衆魚」からマグロまで、様々な魚を日本などへ輸出するようになっており、漁業が外貨獲得産業として光り輝くようになっている。もちろん、タチウオやウマヅラハギ、キグチなどの中国国内での消費が多い魚は国内市場にも流れ、中国の食料事情や消費者物価の安定に貢献している。

そればかりか、中国において遠洋漁業は「流動的国土」とされ、国際的な発言権の強化に資する点が高く評価されている。南洋諸国やアフリカ諸国との関係強化は金星であり、同じ漁業国である台湾に圧力をかける「平和外交」にも貢献している、とする声が根強い。

実際、歴史的にアメリカの影響力が強い南洋、すなわち「アメリカの海」を、「一帯一路」の一方の起点にすえた中国は、南洋諸国に漁業開発を含めた経済外交を仕掛け、「中国の海」への転換を目指している。

二〇一九年九月には、キリバスとソロモン諸島の両国が、相次いで台湾との外交関係を途絶し、中国と国交を開いた。台湾の孤立化とアメリカへの牽制《けんせい》を、漁業も利用して「平和裏」に実現していこうとしているのだ。

かかる中国外交の最前線で、実働部隊として活動するのは、国有・国策企業（中央企業）となる。漁業分野で最大にして最強とされているのが、「中国農業発展集団」である。

同社は、中国国務院国有資産監督管理委員会の直轄であり、農業と水産業の双方を守備範囲とした国有企業としては中国随一とされる。西アフリカに中国初の遠洋漁船団を送り出したのも、この会社だ。

現在は、総資産一五〇億元、従業員八万人の会社に成長し、世界中に四〇以上の拠点がある。遠洋漁船は三〇〇〇トンクラスの巨大船までも保有し、総数は五〇〇隻を超えた。「平和外交」に不可欠な、港湾開発や金融サービス事業なども手掛ける。

モーリタニア周辺のアフリカ沿岸やペルー・チリ周辺の東太平洋、アルゼンチン周辺の南大西洋、さらにはフィジーやバヌアツ周辺の赤道付近、そして南氷洋など、いたるところに彼らの五星紅旗がはためいている。

共産党の寵愛を受ける漁業

中国における遠洋漁業生産量の半分は、中国農業発展集団の関連会社による漁獲とされ、漁業基地である舟山市にも、代表的な関連会社を保有する。一九六二年設立の「中国水産舟山海洋漁業」であり、五〇隻ほどの遠洋漁船と五〇〇〇人の従業員を抱えている。

中国農業発展集団は共産党の寵愛《ちょうあい》を受けており、胡錦濤国家主席や習近平国家主席など、時の権力者が同社関連の遠洋漁業基地を度々視察する。一九九四年に中国水産舟山海洋漁業公司を訪れた江沢民《こうたくみん》国家主席は、「国際経済との交流を拡大し、わが国の遠洋漁業を発展させよ」と檄《げき》を飛ばし、同行した李鵬《りほう》国務院総理も「国際経済との提携を拡大し、遠洋漁業を加速発展させせよ」と述べた。

わざわざ海外の漁業基地を視察する政治家もおり、二〇〇三年には、中国農業発展集団の遠洋漁業基地があるラス・パルマスを温家宝《おんかほう》国務院総理が、二〇〇四年には胡錦濤国家主席が訪れている。共産党の庇護《ひご》を受け、共産党と一体となって事業展開しているのだ。

政治と遠洋漁業との一体性ならびに親和性は、例えば、業界団体である中国漁業協会が、南シナ海の埋め立て問題でフィリピン勝訴の判決をだした国際裁判に反発し、次のような声明〔二〇一六年六月一日「フィリピン共和国が一方的に提起した南中国海仲裁案に関する中国漁業協会の声明」新華社〕をだしたことからもうかがえる。

「中国の漁業資源と漁民権益を侵害するいかなる行為も絶対に受け入れず、承認しない。南中国海諸島は古来より中国領土で、中国は南中国海諸島の真の持ち主だ。いかなる国や機関、個人も、中国漁民の漁撈の権利を含め、中国の南中国海における領土主権や海洋権益を否定し、変える権利はない」

この声明には、世界の海をわが物とし、自信を深める中国漁業界の姿がはっきりと映り込んでいる。「中国の夢」、すなわち「中華民族の偉大なる復興」を希求する、習近平による新指導思想「新時代の中国の特色ある社会主義思想」の実現に挑もうとする、〝彼の〟中国漁業は強気なのだ。

そして今日の遠洋漁業の膨張・成功によって、漁業分野では正夢となりつつある「中国の夢」の実態からは、中国漁業界は、すでに東シナ海や南シナ海という小さな海を攻略し終え、次なる戦いに挑もうとしていることがわかるのであった。

2 「主張」する台湾との漁業交渉

孤立した台湾

二〇〇カイリ体制が敷かれても、台湾漁船は東シナ海で比較的自由に操業することができた。非公式ながら日本政府が、台湾漁船と中国漁船を明確に区別せず、「日中漁業協定」の内容を台湾漁業者に準用してきたからだ。背景には、台湾の微妙な位置付けがある。

日本と台湾（中華民国）は戦後、サンフランシスコ体制下で国交を樹立して関係を深めた。しかし、冷戦構造下にあって台湾海峡危機やベトナム戦争での角逐を経験した米中が、いわゆる「米中接近」（一九七一年）とニクソン大統領の中国訪問（一九七二年）により劇的に関係を改善したことで、天地はひっくり返る。

アメリカとの関係を改善した中華人民共和国が、一九七一年のアルバニア決議により、国連での「中国」代表権を獲得したのだ。そして、国連安全保障理事会の常任理事国として国際社会に堂々と登場。一発の銃弾も放つことなく、中華民国政府を表舞台から追放する。

こうした米中接近と「上海コミュニケ」（米中共同声明）の発表は、ニクソン・ショックとして日本を困惑させたうえ、日本と台湾との関係にも深刻な影響を及ぼした。

朝鮮戦争以来の中国封じ込め政策が破棄され、台湾が中国の一部であるとする中国側の「認識」にアメリカが異議申し立てをしないとしたことは、台湾との外交関係を重視してきた日本にとって深刻な問題となったのだ。同時に、対中接近方法の模索は、親台派をかかえる政府自民党にとって、総裁選・党内力学とも絡んで重要な政治課題となっていく。

中国とソ連の関係悪化を受けた、東側陣営の切り崩しの意図があったにせよ、中国の安保理常任理事国ポストの獲得など、かの国が国際社会で確固たる地位を確立する過程に、アメリカの果たした役割は極めて大きかった。

台湾の法的地位に関する公式見解

日本の中国に対する姿勢は、一九七二年の「日中共同声明」で示される。「日本国政府は、中華人民共和国政府が中国の唯一の合法政府であることを承認」し、「中華人民共和国政府は、台湾が中華人民共和国の領土の不可分の一部である」と表明。「日本国政府は、この中華人民共和国政府の立場を十分理解し、尊重」するとした。

この声明が田中角栄《たなかかくえい》と周恩来《しゅうおんらい》との間で成立したことで、日中は国交正常化を実現する。一方、台湾とは「日華平和条約」が「存続の意義を失い終了」〔外務省〕したとして、断交する。ただし、日本政府は台湾の帰属については言及を避け続けた。

一九五一年九月署名の「サンフランシスコ平和条約」では、「日本国は、台湾及び澎湖諸島に対するすべての権利、権原及び請求権を放棄する」とし、また一九五二年四月署名の「日華平和条約」でも、「台湾及び澎湖諸島並びに新南群島及び西沙群島に対するすべての権利、権原及び請求権を放棄したことが承認される」とまでは明記している。しかし、台湾の主権がどこに移転したのか、その帰属先についてははっきりさせていない。

日本政府は、中国を外交承認した「日中共同声明」に加え、一九九八年の「日中共同宣言」においても、台湾に対する領有権についてまでは承認していない。むろん台湾とは、国としての繫《つな》がりはなく、国家承認していない中華民国の領土であるとの立場でもない。

台湾の法的地位に関する公式見解は、あくまで日本は「サンフランシスコ平和条約第二条により、台湾に対する『すべての権利、権原及び請求権』を放棄しているので、台湾の法的地位に関して独自の認定を行う立場にはない」〔外務省〕とするものとなっている。

第百六十二回国会衆議院外務委員会（二〇〇五年五月一三日）でも、外務大臣の町村信孝《まちむらのぶたか》

は、「台湾がどこに帰属するかについて、これは専ら連合国が決定すべき問題であり、日本は発言する立場にない、これが日本側の一貫した法的な立場」であると発言した。

こうした日本政府の立場は、台湾が関係する海域での漁業専管水域の設定や、台湾漁船の取締り、そして台湾当局との漁業交渉など多方面に影響を及ぼす。例えば、一九七〇年代に頻発した台湾サンゴ漁船の日本領海内での違法操業への対処では、領海外への退出を求めるなどの限定的なものにとどめざるを得なかったのだ。

日本側も、台湾近海で底びき網漁業や大中型まき網漁業、それにカツオ一本釣り漁業等をおこなっていたので、彼らの安全操業をいかに確保していくのかという課題に直面。現場の管理を任された水産庁の悩みは小さくなかった。

スタートする日台の漁業交渉

ただ、「国連海洋法条約」時代が到来すると、ＥＥＺの設定などが求められたため、日本政府内にも、台湾との間で操業ルールの策定は必要との考えが台頭してくる。

作業は、台湾に対する領有権を主張する中国への配慮や、台湾の帰属先を明確にしていない国内事情があるため、簡単なものではなかった。

実務を担った水産庁は、日本漁船の台湾近海での操業が宮崎県のカツオ一本釣り漁船などに限定されるようになっていたため、どのように協議を進めるのが日本の国益にかなうのか、慎重に検討をおこなう。しかし妙案はなく、日本が「国連海洋法条約」を批准した一九九六年から二〇〇九年二月までの間に、計一六回の日台漁業協議が開催されるも、成果らしい成果にはつながらなかった。

台湾政府も、尖閣《せんかく》諸島に対する領有権を主張しているため、漁業交渉では妥協できなかった。台湾漁民も、尖閣諸島周辺海域は「伝統的漁場」だと主張して、当局に対して権益の護持を強く要求しており、日台当局間の溝が埋まることはなかったのだ。

この頃の台湾は、中国が海洋権益の拡大を志向したことや、日本やフィリピンなどの周辺国が「国連海洋法条約」を批准したことで、より具体的な対策が求められていた。

そこで、一九九八年一月に「領海及び接続水域法」（中華民国領海及隣接区法）ならびに「排他的経済水域及び大陸棚法」（中華民国専属経済海域及大陸礁層法）を制定し、二〇〇三年一一月には尖閣諸島を含む広大な海域に「暫定執法線」なるものを画定する。

自国権益を主張するとともに、「国連海洋法条約」を批准して台湾付近でも排他的経済水域を主張するようになった日本政府の取締りに対抗するためであった。だが、「伝統的漁場」や「暫定執法線」自体は、いずれも国際法上の根拠はなく、日本の外交当局にとっては交渉の前提になり得ない「机上の線」とみなされた。

台湾の暫定執法線海域

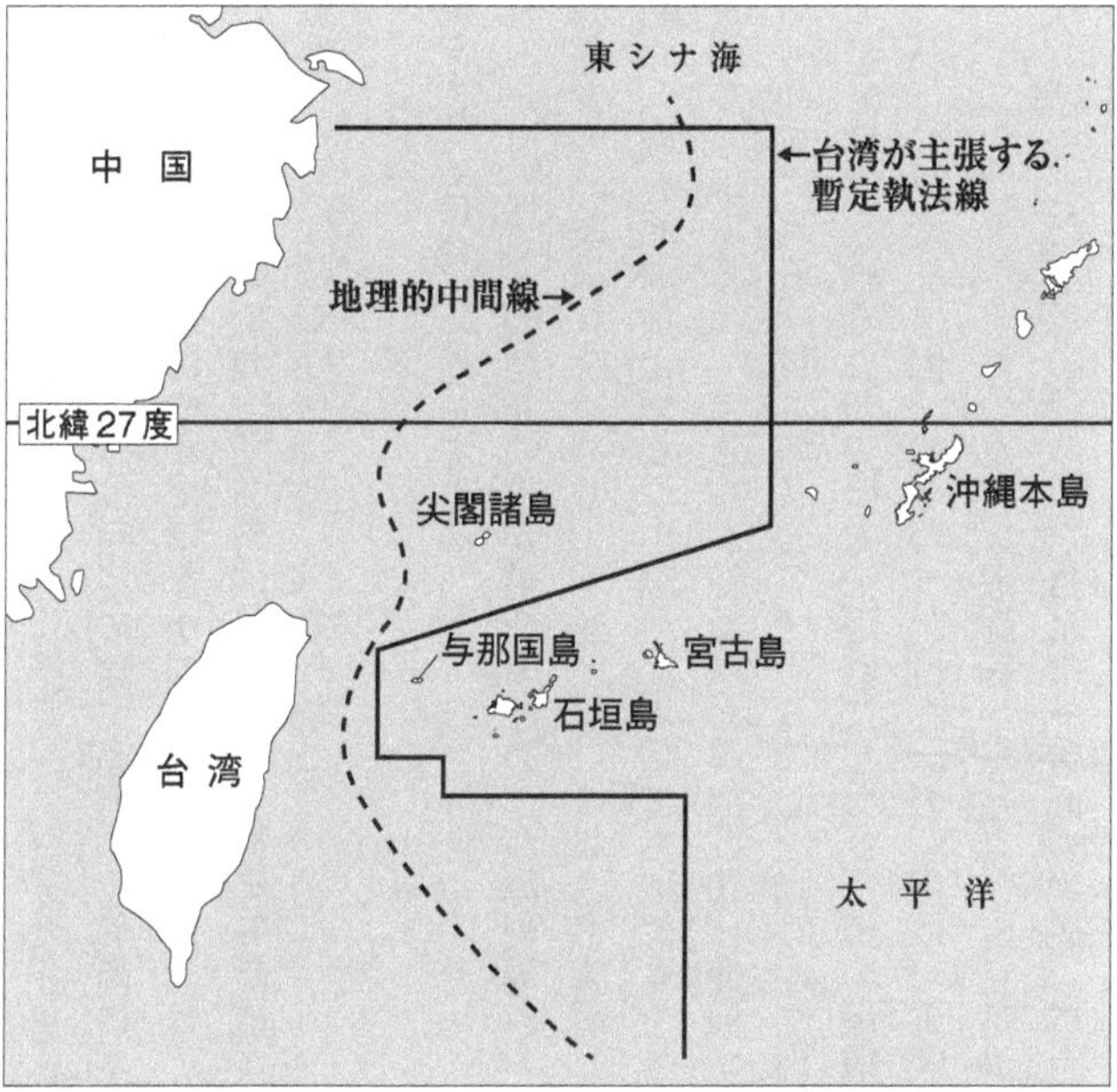

出所：台湾行政院農業委員会資料より作成

しかしながらこの頃から、尖閣諸島を巡る環境が大きく変化し、交渉の停滞はリスクの増大を意味するようになっていく。日本は、台湾を軽視していられなくなったのだ。

中国や台湾で、尖閣諸島の領有権問題をメインテーマにすえ、中台連携による日本への圧力を高めようとする気運や、活動家・漁業者による抗議運動が盛り上がったことが理由である。

一九九六年以降は、「保《ほ》釣《ちょう》運動」（中国系社会でみられるナショナリズムとしての領土要求運動）の一環として魚釣島《うおつり》に上陸を試みる香港や台湾の活動が活発になる。二〇〇四年には、実際に魚釣島に上陸したグループもでた。日本政府の心中は穏やかではなかった。日本政府には、権益に敏感な台湾漁業者や、大陸へのシンパシーを持つ一部台湾国民の暴発を抑える手立てが求められるようになっていたのである。言うは易く行うは難し、であった。

東シナ海で日台は衝突している

日本政府は、尖閣諸島の治安維持のため、台湾当局への働きかけと同時に、徐々に活動家や漁業者への取締りを始める。水産庁は、これまで容認していた先島《さきしま》諸島南方海域への台湾漁船の入域を原則禁止にし、尖閣諸島周辺でも取締りを強化しようとした。

取締りの現場では、早急な方針転換が政治問題に発展することを避けるため、安易な拿捕《だほ》は極力控えられる。日本のＥＥＺであることを指し示す海図を、空のペットボトルに入れ台湾漁船に投げ入れるなど、圧力一辺倒にしないための配慮もなされた。

しかし、取締り強化に舵《かじ》を切った日本側の変化に、尖閣諸島に関する台湾世論の関心は高まる。二〇〇五年六月の水産庁取締船「白嶺《はくれい》丸」と台湾漁船との角逐は、台湾国内で大きく取り上げられた。二〇〇八年六月には、台湾遊漁船「聯合号」が海上保安庁の巡視船「こしき」と衝突し、沈没した事件も連日マスコミをにぎわす。

日台のぎくしゃくした関係は、二〇〇八年五月に馬英九《ばえいきゅう》が中華民国総統に就任したことで確定的となる。馬政権の誕生で、大陸との経済的結びつきを強めようとする動きが表面化。二〇〇八年末には、中国国営の中国海洋石油と台湾政府全額出資の台湾中油が、台湾海峡での海底油田の共同開発を進める協定を結んだ。

中台の民間交流も活発化し、大陸から台湾への旅行客も急増。観光ビジネスは二〇一五年まで拡大し、ピーク時には四〇〇万人を超える観光客で台湾各地はごった返した。

情報通信分野では、台湾企業の大陸への投資額が増加する。iPhone の受託生産で知られる鴻海《ホンハイ》科技集団（フォックスコン）や、世界最大級の半導体製造ファウンドリの台湾積体電路製造（TSMC）といった有力企業が、中国に巨大工場を次々建設していく。

東シナ海を巡っては、二〇一二年八月五日に、馬英九が「東シナ海平和イニシアチブ」（東海和平倡議《しょうぎ》）を提唱する。「釣魚台列島《ちょうぎょだいれっとう》」は台湾の附属島嶼《とうしょ》であることや、東シナ海の資源を共同開発するためのメカニズムを構築することを打ち出した。

「主権はわが方にあり、係争を棚上げし、和平互恵、共同開発」を基本政策としつつ、漁業等資源を利害関係国と共同開発する方向を国際社会に提示したのである。自らの立場をアピールするとともに、議論の主導権を握ろうとする思惑があった。

イニシアチブが発表された同じ月の一五日には、「香港保釣行動委員会」の活動家七人が魚釣島に上陸しており、日本側は一連の台湾の動きに大きなストレスを感じた。

尖閣諸島「国有化」への猛反発

台湾は、二〇一二年九月の日本政府による尖閣諸島「国有化」後に、中国と歩調を合わせるかのようにして反発を強める。沈斯淳《しんしじゅん》駐日代表（大使相当）の「召還」や、台湾漁船・公船による尖閣諸島領海内での大規模抗議活動があった。この時、馬英九総統は、抗議活動を展開した宜蘭《ぎらん》県の漁業者や漁会幹部（漁会は日本の漁協に相当）と直接会い、その行動力を高く評価している。

海上抗議活動には、中国公船「海監」も姿をあらわす。高みの見物であったのか、はたまたお供であったのかはわからない。ただいずれにしても、これら一連の動きによって、日本政府は平常心を維持することが難しくなっていった。

日本政府は、中国との連携を対日カードとして利用する台湾が具体的な行動に打ってでたことで、台湾との関係改善、および中台連携を早急に阻止する必要に迫られる。その結果が、長く停滞していた漁業協議の再開であった。

日本政府の意思表示は、二〇一二年一〇月五日の「交流協会を通じた台湾の皆様への玄葉《げんば》外務大臣のメッセージ」という形で出される。国交がないにもかかわらず外務大臣が直接、日台間の「懸案」を認識するとともに、イニシアチブは受け入れられないけれども、イニシアチブは「東シナ海の平和と安定の確保は、すべての当事者に共通する利益」であるという「考え方と精神を体現したもの」と「承知」していると評価してみせ、日台漁業協議の再開を提案したのだ。

これに対して馬政権は、日本との漁業協議を再開するにあたって、尖閣諸島の「主権に争いがあることを日本が認める」（二〇一二年一一月時点）ことを条件として提示。さらにこの点を合意文書に明記しようとした。尖閣諸島を巡る領土問題は「そもそも存在しない」とする日本政府への、強い揺さぶりであった。

台湾の軌道修正

しかし、この方針は撤回される。二〇一三年一月に、台湾の保釣団体の抗議船が尖閣諸島の領海内に入った事件の際、馬政権が公船を伴走させこれを容認したことについて、アメリカ政府が「強い懸念」を表明したことがきっかけとなった。

アメリカが日本に肩入れするそぶりを見せたことで、馬政権の姿勢も軟化する。二〇一三年二月八日には、台湾外交部が「釣魚台列島問題で、台湾が中国大陸と連携しない理由」とする文書を公表した。

「理由」として、①両岸双方が主張する法的論拠が異なるので連携は難しいこと、②双方の争議解決構想が異なり双方が連携を進めることは難しいこと、③中国大陸はわが方の統治権を承認しておらずわが国は中国大陸と協議できないこと、④中国大陸の介入の動きが台日漁業会談に影響することからわが方が連携することは難しいこと、⑤両岸は東アジア地域のバランスと国際社会の懸念を考慮する必要があること、の五つをあげる。中台連携方針の軌道修正と、日本政府への歩み寄り姿勢の表明であった。

台湾が東アジアの緊張を嫌うアメリカの意向を受け、中台連携の拒絶と日米重視の姿勢をみせたことで、日本政府も漁業協議を推し進めることを決意する。官邸主導とされる二〇一三年四月一〇日の「日台民間漁業取決め」の締結は、この決意の〝結晶〟といえた。

長年、進展がなかった漁業交渉が急展開してまとまったことは、東シナ海におけるアメリカの存在感を再確認する出来事となった。そしてそこには、日米との関係を維持しながら漁業権益を確保した台湾と、漁業権益で譲歩しつつも、尖閣諸島の領有権問題がこれ以上延焼しないよう釘《くぎ》を刺した日本の姿が投影されていたのであった。

日本側漁業者の難儀

「日台民間漁業取決め」水域概念図

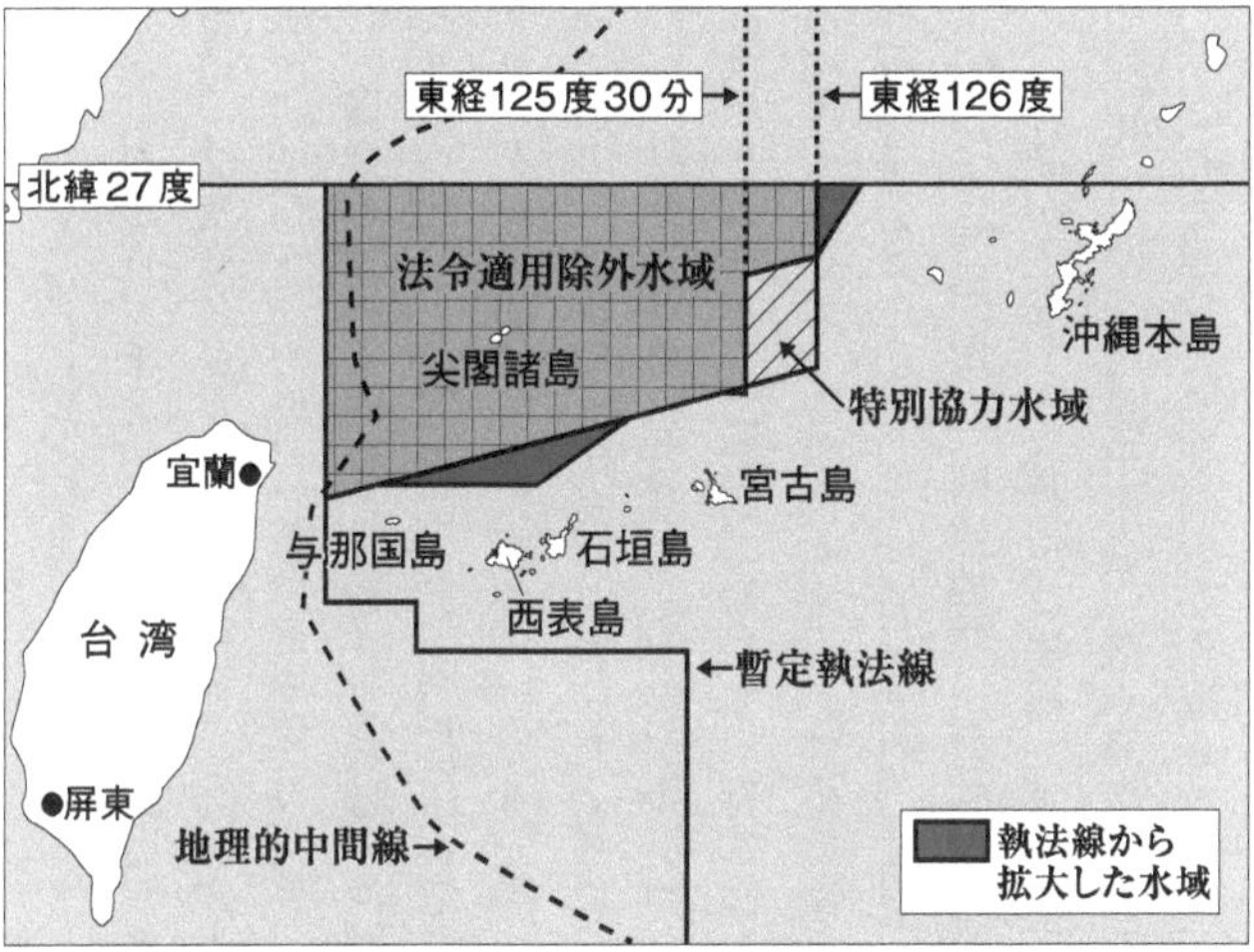

アメリカとの関係において台湾に「自制」を求めつつ、日本もまた「譲歩」した「日台民間漁業取決め」であったので、日本国内の各所にひずみが生じた。

漁業協議の影響を真っ先に受ける沖縄の漁業者は、郡司彰《ぐんじあきら》農林水産大臣や水産庁長官に対し、交渉では沖縄の意向を十分に尊重することを求めていた。台湾漁船の操業を認める水域の交渉では、日本側が主張するEEZを基本とするよう、「日台漁業協議に関する要請」（二〇一二年一一月一八日、沖縄県知事と沖縄県漁連会長の連名）として表明したのだ。

二〇一三年一月一五日には外務大臣岸田《きしだ》文雄《ふみお》宛の「要請」が、そして二〇一三年二月二五日には農林水産大臣 林芳正《はやしよしまさ》宛の

「要請」がおこなわれている。

しかしながら、まとめられた「日台民間漁業取決め」は、①東シナ海における平和と安定の維持、②友好及び互恵協力の推進、③海洋生物資源の保存及び合理的な利用、④操業秩序の維持、を謳《うた》う一方で、「法令適用除外水域」や「特別協力水域」とした広大な水域で台湾漁船の操業を認める内容となる。これは、沖縄県漁業者だけでなく多くの国民の目に大幅譲歩とうつった。〝一線を越える〟内容に、驚きの声すら聞こえてきたのだ。

クロマグロの回遊コースとなっている先島諸島北部には、台湾が独自に主張する「暫定執法線」に「三角水域」がプラスされたように見える部分もあって大きな議論を呼ぶ。日本国民には、優良漁場を明け渡した印象が強かったのである。

取決めを歓迎する台湾側に対して、日本側漁業者の反発は強かった。交渉の途中経過から、ある程度の「被害」を覚悟していた沖縄の関係者も例外ではなかった。

沖縄県議会は二〇一三年四月一八日、「日台漁業協定締結に関する意見書」を全会一致で可決。「日中漁業協定」同様地元に対して説明がないまま締結されたことや、三角水域を念頭に、台湾が主張する「暫定執法線」よりも広い海域で操業を認めたことなどに抗議した。

石垣《いしがき》市議会や宮古島《みやこじま》市議会、久米島《くめじま》町議会など沖縄県内の市町村でも、それぞれ抗議の意思が示された意見書や要請書が作成される。二〇一三年五月二日には、宮崎県漁業協同組合連合会も「日台漁業交渉に関する抗議・要請」を政府に提出した。

外務省と水産庁のつばぜり合い

ここにいたる交渉の過程を振り返ると、台湾側は当初、大胆不敵にも一方的に設定した「暫定執法線」をそっくりそのまま踏襲、一部拡大し、先島諸島の南部を含む沖縄周辺全域を適用水域として求めてきた。その水域は、沖縄本島の西に浮かぶ久米島沖にも達していた。

実際、外交当局間の水面下の調整では、この台湾の意向を踏まえた方向で交渉が進むかにみえた。外務省は、「日中漁業協定」における北緯二七度以南の取り扱いを念頭に、「中国に認めているのだから台湾にも認めてよい」との基本認識を持っていたためである。

領海外であれば北緯二七度以南での操業を認めようとする外務省。それに対して、水産庁は石垣島と尖閣諸島の間に一定の広がりを持つ複数の水域を設定し、資源管理区域の設定と、マグロ漁を念頭においた隻数制限制度を含む操業ルールで合意したうえで、台湾漁船の入域を認める方針を示す。台湾漁船に資源管理という足枷《あしかせ》をつけたうえで、失う漁業権益を局限化することを目指したのだ。

水産庁がこの時示したいくつかの海域こそ、後に「三角水域」と呼ばれる海域の原型である。水産庁の戦略は、台湾側が最も欲しいクロマグロの最優良漁場を最初から提示し、それ以外は一切妥協しないとするものであった。

ここからわかるように、交渉方針を巡っては、外務省と水産庁の間で相当の意見の隔たりがあった。水産庁は、これまでの日台交渉で台湾側が東シナ海に大きく張り出す形で権益を主張するなど、日台間の水域に関する基本的な考え方が大きく異なっていることを熟知しており、妥結点を見いだせないであろう交渉を再開しても成果につながるか疑問である、との立場をとっていた。だからこその〝一点突破戦略〟だったのだ。

この、局限化した海域の開放で妥結を目指す方針を固めた背景には、従来の日台交渉が難航する間も、独自に漁業秩序を確立することに注力してきた実績への自信があった。

水産庁は、尖閣諸島の問題が拡大して当該海域が混乱するかなり前から、石垣島南方に漁業調整規則にもとづく資源保護水域を設定して、資源保護の姿勢をアピールするとともに、先島諸島南部を緒に、時間をかけて徐々に北部でも台湾漁船の取締りを厳格化。台湾漁船の入域阻止と、日本の漁業権益保護の実績をあげていたのである。

これが、先島諸島南方海域はもちろん、尖閣諸島が浮かぶ北方海域での権益死守の伏線となっていた。もちろん当初は、取決め締結交渉そのものにも難色を示す。台湾当局や共に交渉を担うことになる外務省に対抗心をみせつけるためであった。

霞《かすみ》が関《せき》では数少なくなった〝闘う官庁〟の本領発揮であった。

意見は割れた

一方、水産庁とともに漁業交渉を担った外務省は、官邸の意向もあり、尖閣諸島について台湾が中国寄りの姿勢に転ずることを阻止し、かつ日本と協調路線をとれるポジションにいたることを、最優先目標にして行動する。官邸と外務省は、尖閣諸島を巡って中台が連携して圧力をかけてくることを何より嫌っていたのである。

官邸内での発言力を増していく経済産業省も、一家言をもっていた。半導体分野や情報通信分野で日本と同等か、それ以上の地位を確保した台湾が中国に接近することに警戒感を募らせていたのである。ＨＵＡＷＥＩ（ファーウェイ）など、情報通信分野で世界的な影響力を持つようになった中国メーカーのさらなる膨張に対する危機感といえた。

この頃（二〇一三年一月）は、防衛省も中国海軍艦艇から護衛艦「ゆうだち」に対して火器管制レーダーが照射される事件に直面。心中穏やかではなかった。

そのため日本政府中枢には、台湾側が強く求める水域に拒否感はほとんどなかった。むしろ漁業取決めの早期発効に向け、急ぎ締結に駒を進めるよう発破をかける。漁業者と漁業権益を守ろうとする水産庁とは、優先すべき国益が違っていたのだ。

漁業者や水産庁から見れば、自分たちの権益が切り売りの対象とされ、憤りを覚える方針であったが、日本政府中枢は、強大な中国に対抗するためなりふり構っていられなかった。産業規模の小さな漁業が我慢することで、日本の運命を左右する「国益」が守れるとすれば悪い取引ではない、と判断されたのである。かつてはその外貨獲得機能から国策産業に祭り上げられていた漁業の厳しい、そして寂しい現実であった。

台湾側で交渉にあたった行政院農業委員会漁業署の沙志一署長が、「日本の水産庁と外務省の間に矛盾があったのは事実」であり、「外務省はこちらの誠意を認めてくれた」と回顧〔台湾中央通訊社「台湾漁業署長インタビュー」二〇一三年四月二九日〕した裏側には、こうした事情があった。

なお、官邸の台湾に対する姿勢が融和的であったことも取決め締結を後押しする。亜東《あとう》親善協会（現日本台湾親善協会）の五代目会長（兼代表理事）は、取決め締結時の首相となる安《あ》倍晋三《べしんぞう》自民党総裁であった。

日本は尖閣諸島の排他的経済水域を明け渡した

正式に締結された「日台民間漁業取決め」では、尖閣諸島領海および先島諸島南部水域は対象外となったものの、台湾が北緯二七度以南で主張していた「暫定執法線」に、「三角水域」が加えられたような形で交渉が決着する。

台湾側はこれまでと異なり、安心して操業できる広大な「法令適用除外水域」と「特別協力水域」を確保したのだ。取締当局が洋上で角逐する事態も回避できるようになった。ただ、水産庁が拘《こだわ》った隻数制限や、漁獲制限を含む資源管理の視点は導入できず、操業ルールは未定のまま、取決め発効の日を迎えることになる。

取決めのポイントは、法令適用除外水域が「北緯二七度以南」の「排他的経済水域に適用」（第二条）されるとしたことで、尖閣諸島の領海がわかりやすい形で除かれたことにあった。取決め内容（実施のための措置を含む）が、日台両国の「海洋法に関する諸問題についての立場に影響を与えるものとみなしてはならない」（第四条）とする、ディスクレーマー（免責）条項は入る。だが、尖閣諸島領海での日本政府の管理体制に変化がないことから、形式的には領土を巡る問題が存在しないとの日本側の「意思」を、台湾側と「共有」した形で水域画定がなされたとみなすことができる。

ただし条文では、単に「排他的経済水域に適用する」とだけ書かれ、取決めの性格から当然ではあるが、「日本の」とはなっていない。

そうはいっても、「日中漁業協定」では、本文ではなく附属の往復書簡によって北緯二七度以南水域が「公海」のように扱われているので、これとは対照的な結果であった。

日台の場合、尖閣諸島を中心とする海域そのものが交渉対象となったため、ある程度はっきりした形でまとめざるを得なかった事情もある。結果的に、日台の漁業交渉で台湾側は、尖閣諸島を巡る問題については目をつむるが、代わりにこれまで利用できなかった優良な海域での操業権を獲得する成果を得た。実利を優先したのである。

そして、このことによる不利益を被る沖縄県の漁業者に対しては、菅義偉《すがよしひで》官房長官の一声で一〇〇億円規模の基金造成（実質的な補償金）が決定され、着地点をみた。

決定打となった官邸の意思

取決め対象水域は、「法令適用除外水域」と「特別協力水域」に分けられた。

前者の法令適用除外水域とは、「日台双方の漁業者に対して自らの漁業に関する関連法令が相手側に適用されないようにする」水域であり、日台双方には、取決め締結から三〇日以内に各自国内でこの規定に沿うよう法的措置をとることが要請された。

これを受けた日本政府は、「排他的経済水域における漁業等に関する主権的権利の行使に関する法律」（いわゆる「漁業主権法」）の施行令を改定する。「台湾の戸籍に記載されている者」に対しては、「漁業主権法」の第五条から第一三条を適用しないこととし、許可や入漁料の納付なく水産動植物の採捕および探索の実施を認めたのだ。

後者の特別協力水域は、法令適用除外はしないが、双方の操業を尊重し、漁業秩序確立のため最大限努力する水域とされている。この水域が設定された背景には、台湾側の「暫定執法線」への強い拘りがあった。

交渉で台湾側は、執法線の全域で台湾漁船が操業できなければ、台湾当局内部で合意形成は不可能と強く主張。対する水産庁は、国際法上の根拠がない一方的な執法線は交渉の前提になり得ず、これを前提とする主張は一切認められないこと、そして当該海域は、現に宮崎県のマグロはえ縄漁船など、日本側の操業がある主要漁場で到底譲歩できないと強調する。交渉は完全に平行線をたどり、水産当局間の交渉では決着がつかなかったのだ。

膠着《こうちやく》状態を受け、速やかに交渉の妥結を図りたい官邸が動く。操業ルールでの日本側への配慮を前提に、最後の決定打として、台湾側に「特別協力水域」部分での操業を認める提案をしたのであった。粘り強い台湾当局の交渉が功を奏したといえる。

漁業取決めにおいて、法令適用除外水域と特別協力水域の二つの水域が設定されたものの、協定上、それぞれの取り扱いの具体的な差異が判然としないのは、最後の最後にみられた、こうしたテクニカルな交渉過程に起因していた。

水産庁の意地

操業ルールについては、日台漁業委員会を新設して、資源管理・保護措置等について協議することとした。水産庁は、取決めの安定運用を担保するため、①委員会に沖縄海区漁業調整委員会の代表者（漁業関係者）を正式なメンバーとして参加させること、②日台漁業者間会合を踏まえた議論をすること、の二つを提案し実現させる。

日中や日韓の漁業協定では、こうした枠組みはなく、日台は異例であった。漁業者を入れた委員会の新設は、沖縄漁民の声を反映するためであり、また漁業現場の意思をルール改定交渉に反映させ続けようとした水産庁が、最後に意地をみせた結果だったのだ。

ただし、漁業者の意見反映は可能となったものの、こうした手順を踏んでの策定となったため、実際のルールは締結時点で未策定となる。台湾のマグロはえ縄漁業者は、漁期がすでに始まっていたことから、締結直後からルールなきまま入域し、操業を開始した。

操業ルールが合意されるまでの間、台湾漁業者が自由に操業できる環境が生まれ、さらに台湾側の操業ルールが優先される素地が形成されてしまったのだ。

一応のルールが決められたのは、二〇一四年一月二四日の日台漁業委員会第三回会合となる。だが、その内容は沖縄漁民の要望を十分反映したものではなかった。

例えば沖縄県のマグロはえ縄漁業者は、縄を投入する方向を南北で統一することや、漁船同士の船間距離を一律四マイルとするよう求めたものの、この意見が認められたのは、特別協力水域の北緯二六度以北と、三角水域東部のごく一部にとどまった。

現場の混乱は収束していない

二〇一八年となって、ようやく三角水域における実質的な「面積割」での操業が可能となる。日本漁船が優良漁場の一部を「占有」できるようになったのだ。

従来の「昼夜交代制」を見直し、東経一二四度以東を中心とする水域で南北とする投縄方向や、船間距離を四マイルとする日本側のルール（実際の日台漁船のルール運用・操業実態は後述）が適用されたことで、台湾側が入域を控えた結果であった。

ただ、台湾側がこの「面積割」などの日本側要望を認める代わりに要求した三角水域内の緩衝帯（東経一二四度から同八分の帯状水域）に関して、日台で解釈が食い違う状況もみられるようになっている。操業ルール上、これに関する規定は明文化されず、日本側の「内諾」で決着をつけたため、その後の水産庁の取締りを巡って台湾内で波紋が広がったのだ。日台双方の漁業者には不満が蓄積している。

対照的に、中台連携にくさびを打つことができた日本政府の取決めに対する評価は高い。二〇一三年四月二三日の第一八三回国会参議院予算委員会において、林芳正農林水産大臣は「海洋生物資源の適切な保存、利用や操業秩序の維持を図るための足掛かりが得られたもの」と評価」し、さらに安倍晋三首相は「アジア地域における安全保障環境においても大きなこれは前進」であり、「私は歴史的な署名であったと、こう認識している」と述べた。

ただし日本側は、この委員会で安倍首相が、台湾は「尖閣諸島をめぐり中国と連携しないとの立場を表明した」と強調するように、取決めは台湾が中台連携の拒絶を約束したから締結したとの認識で、今なお台湾漁船・台湾当局の動向については神経をとがらせている。

例えば二〇一八年は、台湾漁船がシイラなどの漁獲に躍起となり、大正島等への領海侵犯を繰り返したが、日本政府はこの背後に、台湾に一国二制度の受け入れを迫る中国の影を感じて疑心暗鬼になっていた。

3 明暗が分かれた日台の漁業者

尖閣漁場を失う八重山と九州の漁業者

石垣市の八重山《やえやま》漁協に所属するはえ縄漁業者は、四月から七月にかけて先島諸島と尖閣諸島の間を流れる海流に沿ってクロマグロを漁獲してきた。それ以外の時期は、キハダやビンナガも狙う。「日台民間漁業取決め」の「三角水域」が、距離的にも資源的にも最も優れた漁場となってきたのだ。

現在、八重山のマグロはえ縄漁船は、一〇トン未満船を中心に一五隻ほどが稼働する。しかし取決め締結により、眼前に広がる法令適用除外水域や特別協力水域で台湾漁船が操業し、自由にクロマグロを漁獲することが難しくなっている。

台湾漁船との競合を避けるのには理由がある。八重山の船は、台湾漁船と投縄方向や操業時の船間距離が異なり、同時操業は、はえ縄が絡まる事故が起こりやすいためである。

八重山漁協の漁船が少なくとも三マイル間隔で南北に縄を入れるのに対して、台湾の船は一マイル間隔で東西に縄を入れる。ピンと張るように投入された台湾漁船の幹縄は、八重山のものより一回り太く、絡まると八重山側のはえ縄がいとも簡単に切断されてしまう。

はえ縄は極めて高価で、例えば枝縄を二〇〇〇本ほど用いて製作した場合、ラジオブイや浮き玉を含めて一〇〇〇万円はくだらない。失うはえ縄の長さにもよるが、百万円単位の損害となり、八重山の漁業者は三角水域への出漁を躊躇《ちゅうちょ》せざるを得なくなっているのだ。

結果的に日本勢は、台湾勢がいない南部での操業に切り替え、水揚げへの影響を最小限に抑えようと努力するようになった。ただ、マグロの蝟集《いしゅう》密度が高い漁場ではないので、魚群探索に時間がかかり、燃油費負担や労働負荷が増している状況にある。

漁場変更は、宮崎県の小型のマグロ船も同じだ。一月の那智勝浦《なちかつうら》沖から、宮崎沖、種子島《たねがしま》・屋久《やく》島沖と南下しながら操業し、四月頃に尖閣諸島で操業するパターンだったのが、台湾漁船との競合を避けるように沖縄・先島諸島南部の海域を軸に操業するようになった。

「日台民間漁業取決め」の適用水域では、那覇や宮崎県各地を根拠地とする、比較的大きな近海マグロはえ縄漁船団（大臣許可船）も操業している。

前者の那覇泊《とまり》漁港を根拠とする船団は、パラオにいたる広大な海域を利用するため、尖閣の海を断念しても八重山の漁業者ほど影響を受けるわけではないが、四月から六月のクロマグロシーズンには、やはり入域したいと願っている。しかし現実は、大挙してやってくる台湾漁船とのはえ縄交錯を恐れ、先島南部に漁船をとどめるケースが多い。

後者の宮崎県のマグロはえ縄漁船は、毎年四月に特別協力水域から操業を開始し、徐々に日中暫定措置水域東端を北東方向に移動、もしくは種子島近辺や東沖に移動して操業してきた。しかし漁業取決めの締結で、四月から六月は台湾漁船も特別協力水域で操業するようになったため、競合を避けるように早めに同水域から離脱している。

沖縄の漁業者、九州の漁業者、それぞれの苦悩は深まるばかりだ。

支援事業があるからといって漁業者が安心して操業できるわけではない

取決め締結による日本漁船の操業環境悪化に対しては、被害軽減策として政府が予算措置を講じている。とくに影響を受けやすい沖縄県の漁業者に対しては、二〇一三年度補正予算で、水産庁が外国漁船総合対策の一環として一〇〇億円を要求し、認められた。

一〇〇億円は「沖縄漁業基金事業」に充てられ、現在は年間二〇億円弱の基金の積み増しがおこなわれ、事業が継続されている。

基金の目的は、「日台漁業取決めの影響を受ける沖縄県漁業者の経営安定を図るため、外国漁船による漁具被害からの救済や漁場調査等の外国漁船対策を基金により支援」することにある〔水産庁「平成二六年度水産関係予算概算決定の概要」（平成二五年一二月）〕。

そして、「台湾漁船による大半の漁場の占有により我が国漁船の操業が脅かされている」現状において、「我が国漁業者の安全と操業秩序の維持及び操業機会の回復・拡大を支援することを目的」に、調査・監視事業が展開されている〔公益財団法人沖縄県漁業振興基金『外国漁船操業等調査・監視事業の実施指導要領（令和二年改訂版）』〕。

他にも、「台湾漁船等の緊急避泊・不法操業によって漁具や施設の被害が発生した場合」の漁具被害復旧支援事業があり、はえ縄漁具喪失を念頭とするメニューが示された。しかし、被害認定が容易ではなく、助成実績は低迷。補償がでた場合でも、各船オーダーメイドのはえ縄は原状回復に時間がかかり、漁期を逃すこともある。支援事業があるからといって漁業者が安心して操業できるわけではないのだ。

これは、二〇一八年の操業ルール改定で優良な三角水域が実質「面積割」となった今も変わらない。一年で三ヵ月ほどしかないクロマグロ漁期を漁具喪失で棒に振るくらいなら、台湾漁船がいる海域を避け、先島南部で我慢しようと考える漁業者が後を絶たない。

また、「面積割」で三角水域が半分になり、わずかな水域を目指す日本漁船が増えたことも問題となっている。操業密度が高まったことで日本漁船同士での漁具被害も懸念されているのだ。先の外国漁船操業等調査・監視事業で三角水域にただ訪れるだけの日本漁船もあり、優良漁場は混乱した危険漁場に変貌《へんぼう》した。

なお鹿児島県や熊本県、宮崎県などの、沖縄県以外の漁業者に対しては、日韓・日中協定対策漁業振興財団が事業実施主体となり、同じスタンスで事業を展開している。ただ、沖縄の船と比べ助成額が少なく、日本の漁業者間で格差が発生。日本の漁師の間で、表面からは見えない歪《ひずみ》が蓄積されている。国際問題が国内問題を誘発しているのだ。

マグロの優良漁場を確保した台湾漁業者

現在、「日台民間漁業取決め」適用水域でクロマグロ漁をおこなっている台湾漁船は、多くが屏東《へいとう》県の東港区漁会と宜蘭県の蘇澳《そおう》区漁会に所属している。

台湾は、尖閣諸島の周辺海域でのはえ縄漁業を許可制としており、取決め締結直後に、この二漁会を軸に一二七隻の許可を出した。その後、許可隻数は増加傾向にあり、近年では一八〇隻前後で推移している。

東港鎮の東港漁港でのマグロの水揚げ作業

前者の東港区漁会では、一九七〇年代からマグロはえ縄漁業が開始され、クロマグロは一九八〇年代以降、日本へ輸出されてきた。ただ、ここ数年は台湾国内での消費拡大があって国内向けの出荷を増やしている。

屏東県の動力漁船は大型のものが多く、二〇一九年現在、全漁船数一三〇〇隻のうち、二〇トン以上五〇トン未満のCT3船が三八七隻、五〇トン以上一〇〇トン未満のCT4船が四七六隻あり、この二つのカテゴリーで約六六％を占めている〔行政院農業委員会漁業署『中華民國台閩地區漁業統計年報』（中華民國一〇八年）、二〇一九年〕。

また、全漁船数の七五％がはえ縄漁船であり、屏東県の海面漁船漁業生産量四万四四五四トンのうち、遠洋マグロはえ縄漁業が三万一二一二トン、近海マグロはえ縄漁業が八二一六トンを占める。マグロが圧倒的な存在感を見せているのだ。

後者の蘇澳区漁会においても、一九七〇年代からはえ縄漁業が開始された。ただ、漁船規模はやや小さい。

宜蘭県のはえ縄漁船は、全漁船数九六二隻のうち五二一隻（約五四％）を占め、一〇トン以上二〇トン未満のＣＴ２船が一五九隻、ＣＴ３船が一五六隻などとなっている。

宜蘭県のマグロ水揚げは、同県の海面漁船漁業生産量六万二八七四トンのうち、遠洋マグロはえ縄漁業が五四〇五トン（約九％）、近海マグロはえ縄漁業が三六三九トン（約六％）となっており、やはり屏東県より規模が小さい。

台湾漁船と日本漁船の競合関係

こうした統計上の差異は、利用する漁場が異なることを意味している。

台湾南部にある屏東県のマグロはえ縄漁船は、大型船が中心で、太平洋や南シナ海での操業も可能となっている。ルソン島北部やスプラトリー諸島（南沙《なんさ》諸島）、パラセル諸島（西沙《せいさ》諸島）などでの操業には歴史もある。そして一部が「日台民間漁業取決め」の特別協力水域で操業する。

一方、台湾北部にある宜蘭県のマグロ漁船は、一回り小さく、そのため台湾北東部近海や、八重山諸島周辺で操業してきた。船が小さく漁場の選択肢が少ないため、「日台民間漁業取決め」の三角水域はかなり重要な漁場だ。

結果的に、特別協力水域で操業する屏東県の漁船が、那覇や宮崎県の船と競合し、三角水域での操業が主となる宜蘭県の漁船が、八重山などの小型船と競合する関係ができている。とりわけ、双方、漁船規模が小さく漁場が限られる宜蘭県と八重山の競合関係は強く、感情的なしこりもより大きい。

日本漁船との競合を経て、台湾側が漁獲したクロマグロは、一元管理のため蘇澳（南方澳漁港）への水揚げが求められている。漁獲本数は蘇澳区漁会が取りまとめており、取決め締結前の二〇一〇年に三七五本、二〇一一年に二一四本、二〇一二年に二〇〇本であったものが、締結後の初漁期を経た二〇一三年には四二五本へと倍増したと公表された。

さらに二〇一四年は七〇四本（一六九トン）、二〇一五年は九九〇本（二三六トン）、二〇一六年は一〇〇九本（二一一トン）となったようで、順調な推移が確認できる。この間、八重山漁協の所属船による水揚げは、二〇一五年が八九本、二〇一六年が一八二本であった。あくまで数字上だが、台湾勢の一割から二割程度の水準で推移したことになる。

漁獲には海象や資源動向などの各種要因が絡んでくるが、台湾側にとってはこの間、漁業取決め締結という強い追い風が吹いていることは間違いないだろう。

兜の緒を締めよ

台湾側も「台日漁業協議」の成果を心に刻む。

二〇一四年七月一八日付『中央通訊社』は、二〇一四年度のクロマグロ漁は「全体で一六七一本と、前年同期より四六・五％の大幅増」であり、「一六七一本の約九〇％に相当する一四九七本は屏東・宜蘭県に所属する漁船によるもので、両県の漁獲量は前年同期比でそれぞれ四二・二％と五一・六％増えた」とし、「農業委員会漁業署では台日漁業協議の存在が大きいと説明」していると報じた。

なお直近のクロマグロ漁獲動向は、ややボラティリティの高い状態にある。台湾側は、二〇一七年が七二一本（二〇一トン）、二〇一八年が四九四本（九九トン）、二〇一九年が八五七本（一七〇トン）、二〇二〇年が二一〇二本（トン数不明）であった。

台湾の現地関係者は、「台日漁業協議」の意義を噛《か》みしめつつ、「本数が増加トレンドにあっても、水揚げ金額は単価下落の影響でやや不振」と述べ、兜《かぶと》の緒を締めなおしていた。

八重山漁船による水揚げも増加傾向にある。二〇一七年が二六四本、二〇一八年が三九二本、二〇一九年が二二〇本、二〇二〇年が五五〇本となった。

数的には日本勢の挽回《ばんかい》傾向がみてとれる。資源動向の他、二〇一八年の操業ルール改定で優良漁場の三角水域の半分を確保したことや、水産庁の外国漁船操業等調査・監視事業による経営の下支えがあり、日本漁船がリスクテイクできるようになったこと等がある。

台湾はその後を見据えている

尖閣諸島の漁場は、時に日台で衝突が生じるほど、台湾漁業者にとって不可欠な場所となった。宜蘭県の漁船は、尖閣諸島は「伝統的漁場」であるとし、拘泥感を強めている。日本政府による「国有化」後の取締り強化についても、経営悪化要因であるとして、強硬姿勢を維持している。蘇澳区漁会が「国有化」に反発して所属漁船五八隻（尖閣諸島領海内に入ったのは約四〇隻）を抗議出航させたのはそのためだ。

一連の抗議活動は、「為生存護漁権運動」（漁業権保護運動）として馬英九総統（当時）もバックアップ。尖閣諸島の領有権問題に拡大させて、対決姿勢を強調した。

「日台民間漁業取決め」締結以降もジャブの応酬が続く。台湾漁業者は水揚げが「それほど増えていない」（蘇澳区漁会 陳春生《ちんしゅんせい》理事長）ことや、「伝統的漁場」とする先島諸島南部の「暫定執法線」内での拿捕「多発」（蘇澳区漁会林月英総幹事）に不満を表明している。

取決め締結後、先島諸島北部水域を譲った日本側が、南部水域は絶対に譲らないとの姿勢で、拿捕を含む取締りを強化したためであった。

実際、南方域では、二〇一三年五月一四日の正昌發二号（四八トン）や二〇一三年五月二一日の瑞明發（三七トン）、二〇一三年五月二九日の益昇一二号（五〇トン）、二〇一五年五月一七日の勝吉安（四二トン）などが、相次いで日本側に拿捕されている。

こうした意識や現実のもと、台湾側は、①船間距離を原則一マイルにすること、②先島諸島南部の「暫定執法線」も取決め水域に含めること、③八重山北方三角水域外側に緩衝帯を設けること等を主張し続けている。船間距離についてはは操業可能隻数を増やそうとする意図があり、先島諸島南部についてはあくまで〝未決着水域〟という主張だ。

二〇一三年五月三日付『中央通訊社』では、沈斯淳駐日代表が国会報告で、北緯二七度以北についても、「引き続き日本側と交渉する」としたと報じている。

台湾外交部公衆外交協調会の取決め締結二周年の声明「《臺日漁業協議》簽署二週年成效卓著」（二〇一五年四月一一日付）にも、①台日漁業協議は釣魚台の主権を守っていることや、②広大な海域で日本公船の妨害なく操業できるようになったこと等とともに、③まだ合意をみない海域についても委員会を通じて持続的に協議していく、と謳われている。

台湾の外交上の発言力がどの程度高まるかは、東アジア情勢とも関係するので予想は難しい。だが、台湾は東シナ海での権益の拡大に向けた活動を止めることはしない。

「為生存護漁権」との横断幕を掲げて魚釣島領海内で権益を主張する台湾漁船

抗議出航で台湾国旗を掲げて尖閣諸島領海内を疾走する蘇澳区漁会所属の漁船と、それを領海外に退去させようとする海上保安庁の巡視船

日本政府としては、台湾漁業者の「為生存護漁権運動」に、大陸や台湾内部の「保釣運動グループ」が入り込むことに神経をとがらせつつ、尖閣諸島での対立が表面化しないよう、日台関係を安定的に管理することが重要になっている。

「日台民間漁業取決め」は漁業を管理する協定というよりも、東シナ海を取り巻く安全保障環境を管理するための協定となっているのだ。

第三章　東シナ海に埋め込まれた時限爆弾

1　日本が独占した東シナ海権益

日本漁業は戦争のたびに拡大した

日本は明治維新によって、「陋習《ろうしゅう》」（悪い習慣）と決別して知識を世界に求めることを決意する。そして、欧米が持つ高度な生産技術のキャッチアップに努め、近代化に成功した。

例えば製造業では、イギリスから多くを学んだ造船業が花開き、第一次世界大戦期には船価バブルの大波に乗って世界中に船を売りさばくことができた。昭和に入る頃には、戦艦や潜水艦も国内建造が可能なまでに技術を蓄積する。

造船業の発達を裏付けに、日本の海運業界も第一次世界大戦による特需で船腹量を拡大。イギリス、アメリカに次いで世界三位へと躍進した。大正末期からの恐慌や調整局面では苦労もしたが、日本郵船や大阪商船、川崎汽船などの商船隊は太平洋航路で圧倒的な存在感をみせ、貨物船の高速化で世界をリードするまでになっていく。

もう一つの海の産業、漁業もまた、明治末期には欧米の捕鯨船や海獣猟船からの攻勢を振り払い、勢力拡大に邁進《まいしん》する。日清戦争後には、九州を根拠地とし、東シナ海漁業が勃興《ぼっこう》。清国から得た台湾を拠点とするものまであらわれた。魚群を一網打尽にするトロール漁業がイギリスからの技術導入に成功したことで、東シナ海は一躍有望海域になったのだ。

日露戦争後には、「日露漁業協約」にもとづきカムチャツカ半島などでの巨大な漁業権益も獲得した。漁業は外貨獲得産業として、めきめき頭角を現していく。

北の海でサケ・マス・カニの缶詰製造が活況を呈したことは、日本漁業界に大きなインパクトと利益をもたらすことになる。小林多喜二《こばやしたきじ》が『蟹工船』で描いた〝地獄〟の誕生は、当初カムチャツカ半島にあった缶詰工場が、沿岸域のカニ資源の枯渇と加工場の密集による飽和状態から逃れるため、海上に生産拠点を移設した結果であった。

さらに第一次世界大戦で戦勝国となった日本は、ドイツ権益をイギリスおよびイギリス連邦のオーストラリア・ニュージーランドと山分けし、広大な南洋群島を獲得する。

帝国海軍の威光を借りて、魚と超過利潤を追い求めた漁業資本は、フィリピンやボルネオ、さらにはジャワやビルマ、遠くはラバウルにまで進出。前進基地をいくつも建設する。進出先では新規漁場を開拓。カツオを獲《と》り、かつお節やツナ缶詰などを生産して内外に出荷した。海洋国家日本は絶頂期を迎えていたのである。

敗戦による日本漁業の崩壊

その後、北はベーリング海、南は南氷洋にまで膨張した日本漁業であったが、坂道を転げ落ちるのは思いのほかはやかった。ノモンハン事件での挫折《ざせつ》をトラウマとした帝国陸軍が、北進から南進へと進路を変更。帝国海軍と協調して南方での権益拡大を本格化させたことで、米西戦争でスペインを降し、西漸を続けていたアメリカという若い虎の尾を踏むことになったのである。日本が「到達」した時、すでに太平洋はアメリカの海となっていた。

日本は、アメリカとの戦争で数々の海を舞台として激戦にのぞんだ。しかし、開戦半年後の米豪分断を目指したミッドウェー海戦で早々とつまずき、「転進」を続ける。絶対防衛圏は、マリアナ沖海戦敗北とサイパン陥落で画餅《がべい》となった。

窮地の日本は、フィリピン奪還に向かう米軍を迎撃すべく、残存艦艇を総動員して決戦にのぞむ。これが史上最大、かつ史上最後の艦隊決戦とされるレイテ沖海戦であった。だが、連合艦隊は敗北を喫し、西太平洋での制海権を失う。

制海権の喪失は、日本漁業の夭逝《ようせつ》も意味した。帝国海軍がいない太平洋での操業が、安全であるはずがなかったのである。東シナ海漁業も同じ運命をたどる。台湾や九州を拠点に展開した漁船は、アメリカの潜水艦や艦載機による機銃掃射の餌食《えじき》となり、沖合はもちろんのこと、わずかな沿岸域での操業すら難しくなっていく。

敗色濃厚となるなか、軍需物資の輸送やマリアナ諸島から飛来するB－29を監視する哨戒《しょうかい》任務につかされた漁船もあった。「黒潮部隊」だ。だが足の遅い、ほとんど丸腰の漁船は格好のターゲットとなり次々と撃沈される。多くの船と乗組員の命が海の藻屑《もくず》となった。

はたして、日本漁業は生産力をみるみる削《そ》がれ、開戦の年（一九四一年）に二九〇万トンほどあった魚類生産量は、敗戦の年（一九四五年）に一二二万トンにまで激減している。

この数字の後ろには、生業《なりわい》や仲間を失い苦しむ漁業者の姿と、飢えで苦しむ国民の姿があったことは言うまでもない。

幽閉を解かれた日本漁業

占領初期のGHQは、日本の国力をはぎ取ることに注力する。空については「航空禁止令」が絶大な効果を発揮し、人材が流出、生産技術も落ちた。小型機や軍用機は開発してきたが、その呪縛《じゅばく》は現在にもおよぶ。三菱重工業による国産初のジェット旅客機、「スペースジェット」の開発が「挫折」したことは記憶に新しい。

海については「沖合航行禁止令」が発出（一九四五年八月二〇日）され、漁船を含む日本船籍のあらゆる船舶の運航が禁止される。日本が八月一四日にポツダム宣言を受諾し、マッカーサー連合国軍最高司令官が厚木《あつぎ》飛行場に降り立ったのが八月三〇日であったので、GHQはかなり早い段階から〝海洋国家日本〟を幽閉する腹積りでいたことがわかる。

ただ、日本国内では深刻な食糧不足が発生していたので、GHQといえども航空産業のように漁業を「消滅」させることはできなかった。はやくも九月一四日には、木造船に限ってではあったが、沿岸一二カイリ内での操業を認めている。さらに九月二七日には、マッカーサー・ラインが設定され、太平洋であれば沖合操業が認められることになった。

その一方で、漁場として価値が高かった北方海域や東シナ海などの南方海域では、軍事的な再膨張を連想させると警戒する国々があり、すぐの操業再開は許されなかった。一気に食糧事情が好転することはなかったのである。

そのため、東京・横浜《よこはま》地区でも餓死者が続出（例えば一九四六年五月には二六七人が死亡）する事態が発生。GHQもライン拡張を繰り返していく。

拡張に関する議論は、占領管理を担った対日理事会（アメリカ・イギリス・ソ連・中華民国の代表で構成されたGHQの諮問機関）で検討される。一九四六年六月一二日の会議では、「飢餓のため東京、横浜地区のみで昭和二十年十一月以来千二百ないし千三百名が斃れ」ていると指摘され、食糧危機の緩和のために拡張は不可欠との結論にいたっている。

そればかりか、「漁獲の一部は輸入食糧の見返り物資としても用いられる」との意見もだされ、外貨獲得能力を喪失していた日本にあって、魚が数少ない戦略物資として活用できるとみなす議論さえ展開されていた（『占領治下における水産行政史稿本』）。

実際、日本の捕鯨や母船式マグロ漁業の解禁を後押ししたアメリカは、漁業の再興は経済の立て直しに有益であると判断するとともに、日本が輸出する鯨油や水産物が、大戦後の、世界のひっ迫する食料需給を緩和させるとの思惑を有していたのだ。

ただし、ベーリング海や太平洋北部水域へは、ついに最後まで出漁が許可されることはなかった。これもまたアメリカの思惑である。遡《そ》河《か》性魚種であるサケ・マスを日本が沖獲りしてしまうと、アメリカに回帰してくる資源が減るとの懸念があったためだ。

それを裏付けるように、一九五二年には「日米加漁業条約」が締結され、日本のサケ・マス漁の〝自発的〟な自粛が約束されている。

復活を遂げていく東シナ海漁業と輝く尖閣漁場

一九四六年六月の第二次マッカーサー・ライン拡張では、太平洋海域の拡大と東シナ海漁場の一部開放がおこなわれた。漁場は一三九万平方カイリまで広がり、従来その範囲から除外されていた尖閣《せんかく》諸島も優良漁場としてライン内に収まる。

アメリカ「公認」漁場となった東シナ海での操業再開は、漁業者の懐と国民の胃袋を満たした。農林省水産局（現在の水産庁）や各県による東シナ海漁場の調査も再開され、頻繁に資源探索が実施される。

当時の水産局福岡事務所では、「漁業は新生日本の重要部門として国民の大きな関心事となっており、「東支那海は現在日本に残されたる唯一無二の遠洋漁場である」と、調査にあたって決意表明までした（農林省水産局福岡事務所『東支那海底魚資源調査要報（昭和二二年度上巻）』）。

東シナ海の重要漁場である尖閣諸島でも、活発な調査が展開される。例えば一九五〇年に鹿児島県水産試験場の照洋丸が、魚釣島でカツオの優良漁場を発見。吉報は至急電で枕崎《まくらざき》の漁業無線局に伝えられ、呼応した漁船によって豊漁にわいたとの記録も残っている。

尖閣諸島は、韓国の李承晩《イスンマン》大統領が一九五二年一月に「海洋主権宣言」をだし、竹島を飲み込む李承晩ラインを国際法に反して設定したことでますます重要になる。李承晩ラインの設定で、日本海や済州《チェジュド》島漁場などから追い出された日本漁船が、サバを求めて大挙移転してきたためであった。

2　起動する時限爆弾

マッカーサー・ラインの廃止とサンフランシスコ平和条約の締結

日本の敗戦後も、東アジアでは戦争が続く。大陸では国共再分裂と国共内戦があり、一九四九年の末に蔣介石《しょうかいせき》が台湾島に中華民国政府を「遷都」し、北京《ペキン》に中華人民共和国が成立するまで揺れ動いた。そうこうしているうちに今度は朝鮮半島で戦争が始まる。

揺れ動く東アジア情勢のなか、日本は「サンフランシスコ平和条約」に署名（一九五一年九月八日）するとともに、同じ日に旧「日米安全保障条約」にも署名した。

主権回復の準備は漁業分野でも進められる。日本漁船の自由を奪ったマッカーサー・ラインの撤廃に向けた準備であった。

これに強硬に反対したのが、反日と反共を政策の柱にしたとされる李承晩ひきいる韓国政府である。李承晩はマッカーサー・ラインの維持をアメリカに要請し、廃止阻止が難しいと判断すると、独自の「海洋主権宣言」をだし、「李承晩ライン」を設定。国際法の根拠がない同ラインは、内側の広大な水域の漁業管轄権を一方的に主張するとともに、竹島《たけしま》を飲み込むことで、今日に続く深刻な日韓対立を生み出した。

結局、マッカーサー・ラインは一九五二年四月二五日に撤廃される。それは、「サンフランシスコ平和条約」の効力発生（四月二八日）の三日前のことであった。平和条約の効力発生、すなわち日本の主権回復を待たずに廃止措置がとられたのは、GHQの政策で示された漁業水域と、平和条約で示す領域の関連性を薄めるためと考えられている。

漁業は平和条約締結によって安定する。平和条約によって、「日本国と各連合国との間の戦争状態」は名実ともに終了。日本は占領状態を脱するとともに領水に対する「完全な主権を承認」されるにいたった。貴重な漁場であった尖閣諸島も、安定期を迎える。

平和条約では、領土に関する条文が「第二章　領域」にみられた。第二条で「日本国は、台湾及び澎湖諸島に対するすべての権利、権原及び請求権を放棄する」とされたが、尖閣諸島に関する言及はなかった。そして、この第二条と尖閣諸島とが無関係であったからこそ、第三条で「日本国は、北緯二十九度以南の南西諸島（琉球諸島及び大東諸島を含む。）」を、合衆国を唯一の施政権者とする信託統治制度の下に置くことに同意し、尖閣諸島は南西諸島の一部としてアメリカ合衆国の施政下に置かれることになったのだ。

アメリカの施政下に置かれた尖閣諸島は、一九七二年に発効の「沖縄返還協定」まで、日本の施政下を離れ、沖縄統治のために設置された琉球列島米国民政府が統治する。その間、尖閣諸島では、専ら台湾漁業者の入域を阻止する目的で上陸禁止の措置がとられた。

日本漁船に銃弾が降り注いだ

マッカーサー・ラインの撤廃と平和条約の締結で、日本漁業は東シナ海での自由を取り戻す。ただ、「取り戻す」という表現は、GHQの目を盗んで、ラインを越えた操業が散見されていたので、やや大げさではあった。

しかし、正式にラインが撤廃されたことで足枷《あしかせ》がとれたことは確かで、日本漁船は公海自由の原則にのっとり、海を自由に駆け回る。水産資源が豊富な他国の沿岸域でさえ、当時三カイリの領海外であれば、原則的に自由に操業できたのだ。

東シナ海でいえば、この頃は台湾も中国も漁船建造能力は低く、日本漁船のライバルとはなり得なかった。まさに、我が世の春をもう一度謳歌《おうか》できる黄金期の到来であった。

しかし、現実はそう甘くない。平和条約が締結されても、日本は北方領土や奄美《あまみ》群島、小《お》笠原《がさわら》諸島、そして沖縄諸島などの未返還の領土を抱えていたし、韓国は竹島を取り込む李承晩ラインを設定、さらに海洋警察まで新設して日本漁船に対抗していた。

韓国の日本漁船への銃撃と拿捕《だほ》は、朝鮮半島が分断された一九四八年以降に激しくなる。銃口は、韓国警備隊から日本漁船を守ろうとした海上保安庁の巡視船にまで向けられた。

ソ連も国際法に根拠を持たない、恣《し》意《い》的で広大なブルガーニン・ラインを一方的に設定。

ソ連の許可なしに日本漁船がカムチャツカ半島やオホーツク海でサケ・マスを漁獲することを禁止する。ソ連は国際法違反の締出し行為だけではなく、それ以前から北方領土周辺の海域で日本漁船への銃撃・拿捕も繰り返していた。日本の漁師が歯舞《はぼまい》群島の貝殻《かいがら》島コンブ群生域で操業していたところに、度々銃撃を加えたのだ。

だが、日本側は国連安保理の常任理事国であるソ連に対して強くでることはできなかった。ソ連はアメリカ主導の「サンフランシスコ平和条約」に調印していなかったし、日本としてはシベリア抑留者の帰還も完全に解決できていなかったので、なおさらであった。

こうした周辺国による〝日本封じ込め策〟が矢継ぎ早にだされたのは、当然と言えば当然で、平和条約で国交を樹立した周辺国は中華民国（台湾）だけであり、かかるソ連とは一九五六年、韓国とは一九六五年、中国とは一九七三年まで国交がない状態が続く。

東アジアで四面楚《そ》歌《か》の日本漁業に、中国の対応は韓国同様、手荒かった。中国は東シナ海や黄海《こうかい》で、正面から日本漁船と漁獲競争を繰り広げられないことを知っていたため、マッカーサー・ライン撤廃以前から驚きの手段に打ってでた。領海外での拿捕・銃撃である。

韓国とソ連とは、竹島と北方領土という火種を抱えていたのに対して、領土を巡る問題のない中国からの銃撃に、日本の漁師は困り果てる。中国からの圧力は苛《か》烈《れつ》を極めたのだ。

記録では、一九五〇年一二月に以西底びき網漁船「第十雲仙丸」への銃撃から始まった中国側の執拗《しつよう》な圧力は、一九五四年七月末までに一五八隻の拿捕という数字になってあらわれた。一九五四年末時点でも、一〇四隻（計八八〇〇トン）が接収状態となっている。

この間、漁業者に一七人もの死者がでる凄惨《せいさん》な状況が生まれ、かつ、一九〇九人が拉致《らち》・抑留されるという深刻な事態となっていた。

中国側は接収した漁船を拿捕に使った

降り注ぐ銃弾に、日本政府の対抗手段は皆無と言ってよかった。平和条約締結前は主権すら回復していなかったからだ。GHQを頼って対外交渉を細々と展開するしかなかった。日本政府は、銃撃にまで発展した理由さえつかみきれずにいた。一九五〇年六月に勃発した朝鮮戦争に中国義勇軍が参戦したため、日本が敵国扱いを受けた。一応これが、もっともらしい理由として定着している。

さらに中国との関係でいえば、台北《タイペイ》の中華民国政府を正統政府とみなしていたので、北京政府との交渉はすんなりといくものではなかった。当然、抑留者の帰還や拿捕された漁船の返還に向けた交渉も難航する。

拉致問題は、人と船を奪われ、操業休止に追い込まれた漁業会社もでて失業問題にまで発展。漁業者は、日本政府に停滞する交渉の打破や補償を要求しただけでなく、在日米軍にまで保護を求める声をあげる。しかし、意味のある対処策はついに見いだされなかった。

漁師の命がかかった危機的な状況に日本政府は焦る。時間がたつにつれ事態は改善するどころか深刻さを増していったからだ。鹵獲《ろかく》された高性能な日本漁船は、中国国営の水産会社の漁船に転用されたばかりか、中国側は接収した漁船から足の速い船を選《え》りすぐっては改造し、こともあろうに日本漁船の取締りや拿捕に使ったのである。

降りかかった難題に、日本政府は「日中民間貿易協定」（一九五二年）の締結交渉などで中国共産党とパイプのあった帆足計《ほあしけい》や北村徳太郎《きたむらとくたろう》ら、国会議員や日中友好協会幹部を頼る。彼らをして民間漁業代表団を組織し、中国側に話し合いに応じるよう求めたのだ。

しかし中国側は、サンフランシスコ体制下において西側陣営の末席に座り、朝鮮戦争では国連軍（実質アメリカ軍）の不沈空母となる日本側に強い不快感を持っていた。交渉では、日本漁船にスパイの嫌疑をかけ、領海侵犯や中国漁船への操業妨害などで責任を追及する。結果として、雪解けムードが醸成されるのは、朝鮮戦争の休戦を待つ必要があった。

漁業交渉は、平和条約と日米安保条約の締結に尽力し、アメリカとの関係が濃密であった吉田茂《よしだしげる》の政権が終わったことで本格化する。これを公職追放が解除され、政界復帰していた鳩山一郎《はとやまいちろう》への政権移行が後押しした。そこに、日本との関係改善に前向きであった周恩来《しゅうおんらい》首相の意向も加わり、交渉は一気に動く。

民間協定という「条約」の締結

一九五五年四月にまとまった交渉は、「日中民間漁業協定」として姿をあらわす。協定では公海を七つに区分けし、各漁区で日中の漁船が操業できる隻数に上限が設定された。協定の正式名称は「日本国の日中漁業協議会と中華人民共和国の中国漁業協会との黄海・東海の漁業に関する協定」であり、あくまで民間同士での協定というのが建前であった。国交がなかったからだ。だが、日本側漁船が協定に違反すれば、中国側の国家権力が行使され、拿捕や銃撃が待っている。民間協定と言って軽んじることはできなかった。

この協定の怖さは、本来は公海自由の原則で認められた日本漁船の操業権を制限、海域によっては停止したことにあった。

資源管理やEEZが重んじられる今の価値観からすれば、〝先進的〟という前向きな評価になろうが、当時の価値観からすれば、なぜ日本側が民間の協定にここまで縛られなければいけないのか、簡単には説明できなかった。

協定では、〝学術交流〟を名目に、水産庁の技官や国立大学の教授が技術指導に赴く約束もされる。第五条には、「双方の漁業生産を発展させるため、漁業の調査研究および技術改善に関する資料を交換する用意がある」とされたのだ。「双方」とあるが、もちろん中国へ

日中民間漁業協定概念図

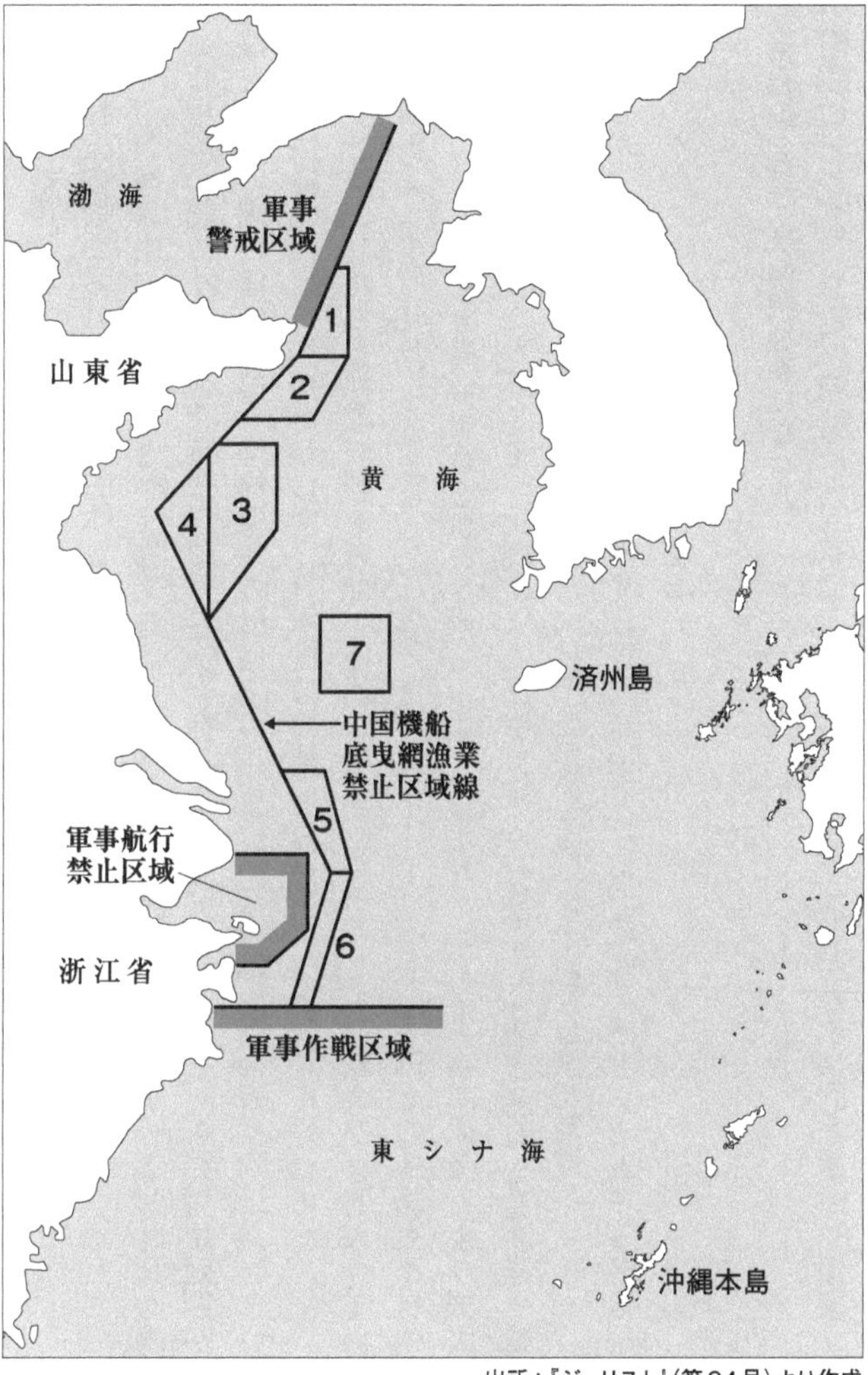

出所：『ジュリスト』（第84号）より作成

の一方通行の技術移転であり、調査映像のフィルム、精巧な漁具模型などが海を渡った。

かかる協定内容からは、本来は日本漁船に太刀打ちできない中国側が銃口を突きつけて脅すことで、公海自由の原則にもとづく操業を諦《あきら》めさせた「民間」協定だとわかる。中国の意思である中国の国内法（拿捕や銃撃を可能とする法体系）が国際法に優越し、その適用範囲が、国際法と日本の国内法に依拠して操業する公海上の日本漁船にも及んだのだ。

こうした性格の協定にもかかわらず、日本側は締結を受けてホッと胸をなでおろす。

露領漁業を独占した日魯《にちろ》漁業の創業者で、戦後は衆議院議員として運輸大臣にもなっていた平塚常次郎《ひらつかつねじろう》（この時は日中漁業協議会の会長）は、「日本代表諸君が本国との連絡も不自由な状況にあって、よく大局の判断を誤らなかった」と喜んだ。そして、「関係者および国民の支持とが一体となつたからこそ、民間による国際協定という、漁業史上稀れな難事業を成し遂げることができた」と意義を強調した〔日中漁業協議会『日中漁業会談記録』〕。

漁師も喜ぶ。一部海域での操業を我慢すれば、奇襲や拉致、銃弾の雨といった不安から解放されたのだから、それは「当然」であった。

「軍事作戦区域」は時限爆弾になった

中国側にとって、協定の締結は大金星となる。国内では、「漁業の永久的な繁栄を保証する根本的な条件であり、漁民の幸福の源」である資源保護に関して、優れた協定であることが大いに強調されていた〔日中漁業協議会『日中漁業総覧』〕。

中国からみたこの協定は、沿岸漁業資源を守り、国際法そっちのけで日本漁船の動きを鈍らせることに成功しただけの協定ではなかった。目立つ協定の本体ではなく、附属する〝往復書簡〟のなかで、民間協定にあっては極めて特異で、かつ重要な事項を日本側に飲ませることに成功したからだ。

すなわち、渤海《ぼっかい》入口を封鎖する「軍事警戒区域」と人民解放軍東海艦隊の根拠地杭州《こうしゅう》湾に「軍事航行禁止区域」を設定、さらには「北緯二九度以南」の台湾周辺を含む中国大陸沿岸以東の海域を「軍事作戦区域」として認めさせたのである。

中国側は新たな概念を創出し、日本漁船の入域を制限することで、聞き慣れない〝軍事区域〟なるものが操業をシャットアウトできることを、双方の共通理解にしたのであった。

とくに、最後の広大で曖昧《あいまい》な「軍事作戦区域」については、「中国漁業協会代表団は、中華人民共和国政府の指示にもとづき、ここに日本国の日中漁業協議会代表団に次の事項を通知」（傍線：引用者）するとして、国家の意思を反映したとはっきりさせている。

そして、「中華人民共和国政府は、国防の安全と軍事上の必要により」、「北緯二九度以南、台湾周辺をふくむ中国大陸沿岸以東の海域は、今なお軍事作戦の行動が行われている状況の下にあるので、日本漁船がこの海域に入って操業をしないよう特に勧告」すると表明。「勧告」というソフトな物腰で表現されたが、内容はむろん看過できるものではなかった。

この「軍事作戦区域」（一九五七年以降は北緯二七度以南に変更）には、尖閣諸島が含まれ、後の政府間協定である「日中漁業協定」で、同諸島を巡って中国政府が介入する際に援用される重要な概念となったからである。言うなれば、現代に禍根を残す時限爆弾が製造された瞬間であり、協定の締結日はこの時限爆弾のタイマーが起動した日となった。

中国側がこの条文挿入をどれほど祝ったかは定かではない。ただ往復書簡には、もし「日本漁船がこの海域に入って操業したならば、それによって生ずる一切の結果については、当該漁船自らが責任を負わなければなりません」と念押しする始末であった。

実利を得たと判断した日本側は、これに対し「北緯二十九度以南の軍事作戦区域については、貴代表団の勧告の趣旨を諒とし、その旨を日本漁船に周知徹底させます」と応じている。ほくそ笑む中国側の関係者がいてもおかしくなかった。

成功する中国流の交渉術

「日中民間漁業協定」でみられた「卓越」した中国の外交術、もしくは日本の事なかれ外交は、一足先の一九五二年に締結されていた「日中民間貿易協定」でもみられている。

双方とも民間協定とはいえ、政府中枢の政治家や高級官僚が関与する交渉は、国際社会でいまだプレゼンスを確立できていなかった中国政府にとって、絶好の練習問題となった。もっと言えば、こうした交渉は、いずれやってくるだろう日本との国交回復正常化交渉や、正常化後の優越的地位の確立をにらみ、対日関係を自らの交渉ペースに引き込むという、対日外交戦略の一環として位置付けられていたようにみえた。

実際に、貿易協定（一九五五年の第三次協定）の第一一条には、「双方はそれぞれの本国政府に要請して、速かに日中貿易問題について両国政府間で商議を行い、協定を締結させるように努力する」こととされている。漁業協定の第九条にも、やはりこれと同様に政府間協定への格上げをうながす文言が盛り込まれた。

日本を手玉に取ろうとする中国側の姿勢は、その後の強権的な外交術からはっきりする。一九五八年に発生した長崎国旗事件（長崎で開かれた日中友好協会の催事で日本人青年が中国国旗を引きずり下ろした事件）の報復として対中貿易を全面的に中断させ、かつ日中漁業協定も停止に追い込んだのだ。禁漁区に侵入したとして日本漁船の拿捕も再開する。

長崎国旗事件は、岸信介《きしのぶすけ》の内閣となり、台湾重視と反共が強調されるなか、岸の政経分離政策に中国が猛反発した結果であった。〝一つの出来事〟を糸口に政治課題を突破しようとする中国外交の特質が凝縮されていたといえる。

言葉を換えれば、多方面から日本にストレスを加えるという、中国政府の対日政策の顕在化であり、ビジネスの世界に政治的意思を絡ませ、資源や市場を交渉カードとして政治目的を達成していく中国流の交渉術の確立であった。

今でこそ、「借金漬け外交」（ODAなどを駆使して過剰な債務を負わせて権益を得る対外政策）などで有名になった中国のエコノミック・ステイトクラフト（経済的圧力によって地政学的な国益を追求する国政術）であるが、それがまだ国交すらないなか、日本を相手にはやくも成果を上げつつあったのだ。

さて、中国の経済協定は、日本に政治的影響力を及ぼす道具であったからこそ、一九六五年に一部修正された〝民間〟漁業協定も、より政治色を色濃くする。

協定の最後に収録された「共同声明」には、「現在、アメリカ帝国主義がベトナムでおこした侵略戦争のいっそうの拡大により、アジアの平和と黄海・東海の安全は重大な脅威をうけて」おり、双方は「帝国主義とその追随者の破壊活動に乗せられないよう、このたび締結された日中民間漁業協定を厳格に遵守すべきである」との一文が盛り込まれた。

3　破棄すらできない「日中漁業協定」

民間協定時代の終焉

日本漁船は、民間協定が結ばれても奮闘を続ける。中国勢も遼寧《りようねい》省の旅大《りよだい》（現在の大連《だいれん》）や山東《さんとう》省の青島《チンタオ》の船団を育成したが、まだまだ勢力拡大の途上であったので、日本漁船は東シナ海や黄海を近場の優良漁場として十分に利用できたのだ。

日本では一九五六年時点で、東シナ海を主要漁場とする汽船トロール漁業と以西底びき網漁業が奮起し、国内魚類生産量の一割弱にあたる三二万二〇〇〇トンあまりを生産した。

だが、中国共産党の独裁に批判的で、国交正常化交渉に否定的であった岸信介内閣の発足や、台湾金門島《きんもんとう》への砲撃（第二次台湾海峡危機）で、東シナ海漁業も度々緊張感に包まれる。都度、日本漁船団は非武装の警戒専門船をともなった「自衛」出漁で対応した。

そうこうしているうちに、民間協定での漁業管理は終焉《しゆうえん》を迎える。一九七二年九月、周恩来の招きで北京にいた田中角栄《たなかかくえい》は毛沢東《もうたくとう》と会談し、「日中共同声明」を出す。そして両国は、「一衣帯水の間にある隣国であり、長い伝統的友好の歴史」があり、「これまでの不正常な状態は、この共同声明が発出される日に終了する」として国交樹立を決断したからだ。

国交が正常化した中国とは、旧「日中漁業協定」を締結。尖閣周辺海域を含む東シナ海漁場の利用枠組みを構築していく。しかし、日中間では台湾の帰属問題があったため、日中のそれぞれの漁船が操業できる水域をはっきりと区分けする境界の画定はできなかった。

さらに中国が、アメリカの施政下にあった尖閣諸島について、国交正常化を目前とした一九七一年一二月になって領有権を主張し始めたことも、水域画定の妨げになった。

中国は、一九五〇年代においては沖縄の日本返還を支持するとともに、一九五三年一月八日付の『人民日報』でも明らかなように、琉球群島の範囲に尖閣諸島を含めるなど、尖閣諸島に対する領有権を主張していなかったので、日本側としては方針変更に戸惑いを隠せなかった。台湾による領有権の主張や海底油田の存在が背景にあったとされている。

北緯二七度以南問題

中国が国交正常化を前に尖閣諸島の領有権を主張し始めたことで、旧「日中漁業協定」では、この点をいかに扱うかが外交当局の悩みの種となる。

考えだされた着地点は、民間協定時代に台湾問題を処理したのと同様の方法であった。尖閣諸島周辺を含む海域の漁場利用について、やはり目立つ条約本文ではなく附属の〝往復書簡〟で扱うことで決着させたのだ。

一九七五年八月に署名、同年一二月に効力が発生した旧「日中漁業協定」に附属する書簡で、中国側は北緯二七度「以南で、かつ、中国沿岸以東の、台湾周辺を含む水域がなお軍事作戦状態にあることにかんがみ、日本国の漁船が同水域に入つて操業しないように勧告」した。民間協定時代は台湾問題を念頭に設定された「軍事作戦」区域を、今度は尖閣諸島問題を覆い隠して目立たせぬように、援用したのである。

これに対して日本側は、霞《かすみ》が関《せき》文学を駆使して言質をとられぬよう、そして中国側を刺激せぬよう着地点を模索する。すなわち、北緯二七度線「以南の水域に関して中華人民共和国政府が表明した勧告に留意するとともに、同水域に関する中華人民共和国政府の立場を認めることはできないとの日本国政府の立場を留保する」としたのだ。

中国の「勧告」には「留意」するが、その「立場」は「認めることはできない」とする日本の「立場」を「留保」（法律関係の効力や権利の保持）したのであった。ようするに、あなたが立場を表明したことは知っていますが、私の方にも考えがありますのでよろしく、といった具合の、外交的なジャブの応酬である。

はたして日中は、台湾と中国の「軍事作戦状態」を利用して、対立する領域主権の問題に蓋《ふた》をする。玉虫色のそれは、それとしてよく工夫された外交術といえた。しかし、尖閣諸島や台湾の周辺海域を含む広大な北緯二七度以南水域を、今日まで続く「公海」状態にしてしまったことは、日本にとって大きな禍根を残す出来事であったことに間違いはない。

尖閣諸島問題は「先送り」された

外務省が公表した「田中総理・周恩来総理会談記録」の「第三回首脳会談」（一九七二年九月二七日）には、田中角栄が「尖閣諸島についてどう思うか」と尋ねた際、周恩来が「今回は話したくない。今、これを話すのはよくない」と返答したことが記されているが、「日中漁業協定」でもこの先送り方針が踏襲されたのである。

先送り方針はその後も堅持される。例えば一九七九年、沖縄開発庁が魚釣島に仮設のヘリポートを設置して開発調査を開始したものの、中国側の反発にあい、即座にこれを撤去しているのだ。五月三〇日の衆議院外務委員会でのやり取りは、この時の日本政府の対中姿勢をわかりやすく示している。

この外務委員会で、日本社会党副委員長まで務めた井上一成《いのうえいっせい》は、外務大臣として前年に「日中平和友好条約」の締結までこぎつけていた園田直《そのだすなお》に、次のように質《ただ》した。

「現在の仮設のヘリポートを恒久的な、永久的な施設にする方針があるように私は聞き及んでいるのです。そういうことが本当に日中の平和友好関係維持のためにどういうふうに作用していくのであろうか、こういうことを考えますと、私なりの一定の懸念も持つわけなんです。大臣、どういうふうにお考えでしょうか」

陸軍大尉から戦後は国政で派閥領袖《りょうしゅう》となるまでに「飛躍」していた園田は、「非常にまじめな御質問でありますから、私も率直にお答えをします」と応じて、次のように答弁した。

「これは単に日本と中国との関係ということばかりでなく、日本の国益ということを考えた場合に、（中略：引用者）二十年、三十年、いまのままでもいいじゃないかというような状態で通すことが日本独自の利益からいってもありがたいことではないかと考えることだけで、あとの答弁はお許しを願いたいと存じます」

実にはっきりとした先送りの方針を、玉虫色に表明したのであった。

東シナ海には二〇〇カイリ時代は到来しなかった

一九七六年から翌年にかけて、アメリカ・ソ連という超大国が、排他的な漁業資源の利用が可能な二〇〇カイリ漁業専管水域を設定し、日本が、そして世界がこれに追随した。日本は北方水域で漁場が重複していたソ連への対策として、「漁業水域に関する暫定措置法」（一九七七年）を制定し、二〇〇カイリ水域を主張する。

しかし、漁業専管水域の設定に慎重であった中国や韓国には同法を適用せず、従来の二国間協定にもとづいて利害調整を図ろうとした。結果、東シナ海や日本海には、二〇〇カイリ時代は到来しなかった。

東シナ海では漁業専管水域の設定が世界の潮流となるなかでさえ、公海自由の原則を踏まえた旧「日中漁業協定」が機能し、漁業取締りは、対象となる漁船の船籍がある国が担当するという、旗国主義で漁業秩序が維持されることとなる。

一九七〇年代は、経済力の点、漁業勢力の点でも日本側の優勢が継続したことで、尖閣諸島を含む敏感な海域の問題がことさら強調されることはなかった。中国は「大躍進政策」に引き続いて、毛沢東主導の「文化大革命」(一九七七年に終結宣言)が失敗しており、漁業問題を吟味する余力も乏しかった。「中越戦争」(一九七九年)の「敗退」もあった。

しかし、日本漁船が我が世の春を謳歌できたのはこのあたりまでとなる。一九八〇年代以降、中国側勢力の拡大が急ピッチで進み、日本の漁業者から怨嗟《えんさ》の声がもれ始めた。

日本近海への中国船の接近

中国では一九八〇年代の中頃には、改革開放政策の成果が現れ始めており、水産分野でも流通の自由化や漁船の大型化・高出力化などが進み、勢力拡大に拍車がかかっていた。

遠く西アフリカへ遠洋漁船団を仕立て、中国漁業がさらなる歴史を刻もうとしていたのもこの頃である。そのさなかの、一九八九年に発生した「政治風波」である天安門《てんあんもん》事件とその「動乱」(『人民日報』)であったが、民主化の頓挫《とんざ》と中国の国際的な孤立に帰結したものの、漁業の外延的拡大にはほとんど影響しなかった。

日本付近では、一九八〇年にすでに、九州北部で中国の底びき網漁船が確認されるようになり、一九八九年末には対馬《つしま》沖で三〇〇隻ほどの漁船団が操業するまでになっていた。同時期には、中国側の海面漁業生産量が一〇〇〇万トンの大台に近づいていたとみられる。

その後も急激な拡大は続く。一九九五年頃には日本側八〇〇万トンに対して中国側は一五〇〇万トンに達したとする推計がでる。一方、日本側では以西底びき網漁業者らが奮闘を続けていたが、それも次第に弱体化。一九九〇年代には完全なる攻守逆転を許す。

逆転で日本沿岸に中国漁船が接近し、漁業者らの不安は高まる。九州や日本海側の各県では顕著で、地元選出の国会議員を通じて深刻な状況が東京に伝えられるようになった。

例えば、一九九六年の衆議院外務委員会（五月一七日）では、安倍晋三《あべしんぞう》委員が夜間における領海侵犯や離島（萩市見島《はぎみしま》）への外国漁船の入港、乗組員の上陸について現状を報告し、日中の「漁業協定が新たに締結をされなければ、西日本にとっては事実上海洋法条約がなきに等しい状況」になってしまうと発言している。

中国に対する警戒感は、日本政府内でも芽生えていた。第三次台湾海峡危機と同時期に、中国が硬軟織り交ぜて東シナ海権益を主張する行動を展開するようになったからである。

中国は、一九九五年五月から一九九六年二月にかけて、尖閣諸島周辺海域での石油を含む海底資源調査を実施している。さらに一九九六年四月下旬には、沖縄西方の日中中間線の日本側海域において、中国とフランスの海洋調査船が合同でと思われる堆積《たいせき》物調査や磁気調査を実施（フランス船のみ日本政府の抗議を受けて撤収）した。

また同年の五月一五日には、全国人民代表大会（全人代）の常務委員会が「国連海洋法条約」の批准を決定。中国政府が「領海基準線に関する声明」として、尖閣諸島やスプラトリー諸島に関する領海基線を将来公表する旨を示し、政治的な交渉材料化を図っていた。

「国連海洋法条約」時代の到来

日本は、ＥＥＺの設定を可能とする「国連海洋法条約」を批准したことで、旧「日中漁業協定」の改定交渉にのぞむ。中国も「国連海洋法条約」の締約国となったことで、従来の狭い領海と広い公海を前提とする、旗国主義にもとづく旧「日中漁業協定」は旧式化しているとの認識があった。

だが、尖閣諸島と台湾島を自らの領土と主張する中国を相手に、基点となる領土を互いに承認することは難しく、交渉はスロー・アヘッド（微速前進）にも程遠かった。

一九九〇年代の中頃には、日本側八〇〇万トンに対して中国側一五〇〇万トン以上というダブルスコアでの差がついた漁獲量推計も出され、危機感はより高まる。日本の漁業勢力が再逆転できるとの妄想すら木端微塵《みじん》に打ち砕かれたことで、日本政府内でも早急に東シナ海に二〇〇カイリ体制を敷く努力をすべきとの声がでてきたのだ。

問題が国会で取り上げられる機会も増える。当時、第一次橋本《はしもと》内閣を率いていた橋本龍太《りゅうた》郎《ろう》は、「沿岸国が生物資源の維持に係る適切な措置をとるという国連海洋法条約の趣旨を十分踏まえた新たな漁業協定が早期に締結されるように鋭意努力をしてまいりたい」（一九九六年五月一四日衆議院外務委員会）と述べた。

政府が危機感を抱くのには漁業以外の理由もあった。李登輝《りとうき》台湾総統の訪米に端を発する第三次台湾海峡危機と時を同じくして、中国が東シナ海の海底資源に対する貪欲《どんよく》な姿勢をあらわにしていたのだ。先ほど触れたように、中国は一九九五年以降、尖閣諸島や沖縄西方の海域へ頻繁に海洋調査船を差し向けるようになっていた。

国際法の〝常識〟からかけ離れた協定

新協定は難産となる。尖閣諸島や台湾の取り扱いは旧協定から継続して問題であったし、何より問題は、中国側がＥＥＺを中間線で画定することを拒否、東シナ海全域が中国のＥＥＺであるとする姿勢を貫いたことにあった。

中国側の主張を日本政府が飲めるはずもなく、結局、日本は東シナ海の大部分でＥＥＺの設定を諦める。新「日中漁業協定」で、「日中暫定措置水域」と「中間水域」という二つの広大な、自由操業が可能な共有漁場が設定されたのはそのためであった。

この海域は旗国主義での管理となっており、日本側に中国漁船の取締り権限はない。

今日、東シナ海で乱獲を続ける「虎網漁船」（極めて高い出力の集魚灯でおびき寄せたサバやアジの大群を一網打尽にする中国漁船）などの問題が、広く国民の知るところとなっているが、日本側は騒ぎ立てることしかできず、独自の解決策がないのはこうした重層的な「日中漁業協定」の構造問題がある。

事実、問題と思われる状況を目の当たりにしても、外国漁船の違法操業を取り締まっている水産庁が、中国漁船を対象に立入検査を実施したり、拿捕したりすることはかなり難しい。中国漁船の拿捕件数は、東シナ海だけでなく、太平洋や日本海を含めても、二〇一六年からの五年で五件、直近の三年間はゼロであった。

現場の実態と、こうしたデータは、漁業協定が内包する構造問題の根深さを浮き彫りにするとともに、「日中漁業協定」が機能不全を起こし、漁業資源の管理においては歴史的使命を終えつつあることをあらわしている。

宿痾を抱えた条約の「新たな使命」

欠陥のある漁業協定での管理しかできないため、東シナ海で日本漁船が優先して利用できるEEZは少ない。そのわずかな海域ですら、中国漁船の入域が可能となっていた。

問題点はそれだけではなかった。第一章で述べた通り、最大の問題点は尖閣諸島の海を「公海」状態としている「北緯二七度以南問題」であり、この問題が存在し続ける限り、日本は尖閣諸島周辺への中国漁船の入域を制限できず、主権を確立できない状態が継続する。

新「日中漁業協定」では、〝書簡〟とはいえ、「中華人民共和国政府は（中略：引用者）、日本国民に対して」、北緯二七度以南の海域において、「漁業に関する自国の関係法令を適用しないとの意向を有している」とする、中国側の主張が明記されてしまっている。

尖閣諸島の領有権が中国にある前提の記述で、日本漁船の操業について中国政府は「配慮」する意向があり、生物資源の維持ができれば「認める」との立場が示されているのだ。

ここにいたる過程を思い起こせば、日本側は民間協定で、北緯二九度以南が「軍事作戦区域」であることを安全操業と引き換えに認め、旧「日中漁業協定」では、「なお軍事作戦状態」であるとする中国側の主張を受け入れることで尖閣諸島を巡る問題に蓋をした。

そして新「日中漁業協定」では、ついに尖閣諸島が自国領であるとした中国の主張を盛り込むことになった。民間協定時代に埋め込まれた時限爆弾がさく裂したかのようである。

日中対立を国民に印象づけた、二〇一〇年九月七日の「中国漁船衝突事件」（第五章で詳述）は、中国漁船「閩晋漁《みんしんりょう》５１７９」が海上保安庁の巡視船「みずき」の要請に応じて素直に日本領海から退去していれば、「日中漁業協定」下の〝日常〟の風景であり、あれほどの大事にはならなかった。

尖閣諸島の周辺海域には現実に、この瞬間も多くの中国漁船が出漁し、魚だけでなく、赤サンゴなどの貴重資源を持ち帰っているからだ。

時に中国漁船は当局の指示のもと、「日中漁業協定」に適合する形で、政治的集団行動をとる。それすらも「問題」はない。二〇一六年八月に発生した、三〇〇隻にもなる中国漁船が尖閣諸島周辺に蝟集《いしゅう》した事件も、「日中漁業協定」がある以上、ただちに違法行為であると認定できなかった。実際、この時に拿捕された中国漁船はなかった。

しかし、賞味期限切れの漁業協定であっても破棄はできない。今となっては、〝獰猛《どうもう》な獅《し》子《し》〟に付けた、鈴と細いリードを外すことになりかねないからである。その意味で「日中漁業協定」は、これからより重要な「歴史的使命」を帯びていくのかもしれない。

今のところ漁業分野についてみれば、日本には「日中漁業協定」を〝死守〟することくらいしか、中国漁船の行動を遮る術《すべ》はない。

第四章　日本人が消える海

1　衰退する漁業・漁村

遠洋漁業の崩壊

日本の漁業がこれほど苦しい時代があっただろうか。漁獲量は一九八四年の一一五〇万トン（養殖を除く）をピークに減少。今では最盛期の四分の一程度の低空飛行を続ける。国際的な漁獲規制や外国漁船との競合、各国が漁業権益を守り抜こうとする意識の高まりなどで、マグロはえ縄漁業に代表される日本の遠洋漁業は衰退する一方だ。

昔ならヤクザ映画のように「マグロ漁船に放り込むぞ」とすごまれれば、それなりに恐怖も感じたであろうが、今となっては「どんどん廃業しているよ」と冷ややかに切り返すことができる。映画や漫画のリアリティを、すっかり失わせるほど衰退のペースは速い。

古くは明治期より、沿岸から沖合へ、沖合から遠洋へと外延的拡大を続け、膨張してきた日本の遠洋漁業は、一九七三年にはついに四〇〇万トン水準の生産量に達し、漁船漁業生産量の四割を占めるまでになっていた。しかし、一九七七年の二〇〇カイリ元年を迎え、操業環境は急速に悪化する。

多くの遠洋漁船がアメリカやソ連などの二〇〇カイリ水域から撤退せざるを得なくなり、そうした海域で総漁獲量の三〇～四〇％を生産していた日本漁業へのダメージは甚大であったのだ。一九八九年には、遠洋漁業の漁獲量が一九八万トンにまで落ち込む。

その後も国際的な資源管理体制の強化によって、ベーリング公海での操業停止措置や、北太平洋公海におけるサケ・マス等の遡河《そか》性魚類の漁獲禁止措置が採られ、日本漁業に深刻な影響がでる。一九九九年には国連食糧農業機関（ＦＡＯ）が音頭をとった国際協調減船によって、日本も保有する遠洋マグロはえ縄漁船の二割にあたる、一三二隻を破棄した。

漁場の狭隘化《きょうあいか》と規制強化が積み重なった結果、二〇一九年の遠洋漁業の漁獲量は、海面漁業生産量の一割ほどの三三万トンにまで縮小してしまっている。

赤道付近の南方漁場でカツオを漁獲している、海外まき網漁業がひとり歯を食いしばって世界的な漁獲競争に挑んではいるが、これでさえ台湾や中国、韓国、フィリピンなどの勢いに押され気味で、苦しい闘いを強いられている。

消滅の憂き目にあう遠洋イカ釣り漁業や、絶体絶命の遠洋底びき網漁業と比べれば、いくらか状況はマシであるものの、海外まき網漁業がいつまで現勢を維持できるかは、漁業者の奮闘に加え、ＯＤＡをちらつかせながらの外交努力にかかっている。

漁場を他国のＥＥＺに依存しがちな遠洋漁業は、漁業会社の努力だけでは維持が難しくなっているのだ。カツオ漁業では、資源そのものより、資源アクセス権の確保に向けた日本の外交力、そして漁業界を支えようとする国民の意思に、より左右される状況にある。

沖合・沿岸漁業も疲弊

遠洋漁業だけではない。東シナ海や日本海での沖合漁業も苦しい。

既述の通り、東シナ海や日本海では「日中漁業協定」や「日台民間漁業取決め」、「日韓漁業協定」によって、日本勢が排他的に利用できる漁場が限定され、日本漁船団が漁業強豪国に追いつめられている。北海道や三陸の沖合など、太平洋側でも、日本の二〇〇カイリ線ギリギリ外側に接近して操業する、中国や台湾のサンマ・イカ漁船は多い。

日本国内には、こうした押し寄せてくる〝大波〟によって、日本の沖合漁業がダメージを受けていると感じる国民や漁師がいる。広大な海の中でのこと、緻密《ちみつ》なデータによる科学的な証明は難しく、そもそもの資源量の減少や気候変動による漁場の縮小などもあるが、サンマやイカなどが日本の沿岸域に回遊してくる前に漁獲されてしまう〝沖獲《おきど》り問題〟としても受け止められているのだ。

かつてであれば、日本の遠洋漁船が名代として漁獲競争を仕掛け、これらを駆逐していたかもしれないが、今はもうその雄姿はどこにもない。遠洋漁業の衰退は日本の国力低下のバロメーターともなっており、さらに沖合漁業の苦境とリンクするようになっている。

海水温の上昇など、複合的な要因で沿岸資源レベルの低下もみられ、沿岸漁業の衰退も顕在化した。沿岸自営漁業就業者も減り続けている〔農林水産省「漁業就業動向調査」〕。

こうした全面的な日本漁業の縮小・衰退が進んだ結果、わが国はサンマやイカといった「大衆魚」ですら輸入に頼るようになった。ブリやタイなど、養殖で一部カバーできる魚種もあるが、漁業界は総じて厳しい現実に直面している。

〝日本海銀行〟の破綻

かつて日本の漁業は外貨獲得の任を与えられ、生産された魚介類を積極的に輸出した。古い話で恐縮だが、大正後期から昭和初期の円安進行時には、日露戦争で得た巨大権益の「露領漁業」が活況を呈し、産出されたサケ・マス・カニの缶詰などが大量に輸出された。缶詰は欧米に好評で、一九二四年の輸出額四〇七四万円は、一九三九年に一億七三二五万円と四倍以上に伸びる〔『現代日本産業発達史』（XIX 水産）〕。

この間、日本の全輸出総額に占める水産物割合は、二・三％から四・九％にもなった。水産業が外貨獲得装置として日本経済を強力に支えていたことがわかる。

外貨獲得という使命は戦後も変わらなかった。敗戦直後の食糧不足を補っただけではなく、立ち直ろうとする日本経済を輸出産業として支えていたのだ。

日本が岩戸景気にわく一九五八年には、水産物輸出は二億二一四七万ドルで、全輸出総額に占める割合は七・七％にも達する。その後、製造業の成長で水産物比率は徐々に低下するものの、一九六二年になっても六・四％を保持した。

十分な輸出量を確保できるだけの産業規模を維持したため、国内供給も潤沢で、水産物自給率は一〇〇％を超えて推移。一九六四年には重量ベースで一一三％を記録する。

この頃の海を、漁師たちは銀行に喩《たと》えた。金に困れば沖に出て金を引きだす。海は彼らの銀行であった。日本海に面した漁村では、〝日本海銀行〟という言葉を懐かしそうに語る漁師がいる。

しかし、今はどうであろうか。「日本海銀行」も「東シナ海銀行」も、漁業協定や外国勢力の伸長、資源量の変動などで破綻《はたん》寸前にある。ホタテ輸出の最重要拠点として、かろうじて「オホーツク海銀行」がそれなりの〝自己資本比率〟を維持しているが、日本周辺の海は漁師の懐を温めてくれるだけの包容力を失っている。

こうした結果、今では魚介類自給率は重量ベースで五割前後を行ったり来たりの頼りない状況が続く。それでも国民が危機感を抱かないのは、サケ・マス類やエビ、マグロ類など、膨大な量の輸入水産物に囲まれているからであり、二〇一八年現在、一兆七九一〇億円（水産物輸入額）の資本流出源となってしまっている。

漁業という外貨獲得産業の衰退は、食料安全保障の観点からも、経常収支の観点からも、閑却し得ない事態を招いているといえるのだ。

漁村消滅・人材消失

生産量が低迷する産業では、それに関わる人々の覇気も失われる。わが子を後継者にと望む漁師も減る。漁業がまだ外貨獲得産業であった一九六〇年代の末には、六〇万人以上いた漁業就業者も、昭和の終わりには四〇万人を割り込むまでになった（漁業センサス）。

ここ最近の推移はより深刻で、一九九三年に三二万人ほどいた漁業就業者は、二〇一八年に一五万一七〇一人となり、わずか四半世紀でマイナス五三・三％を記録している。この間、就業者の六五歳以上割合（高齢化率）は、一八・〇％から三八・三％に倍増した。

新陳代謝が滞る漁村（漁港背後集落）でも高齢化が進み、その率は危機的とされる日本全

漁港背後集落の人々と高齢化率

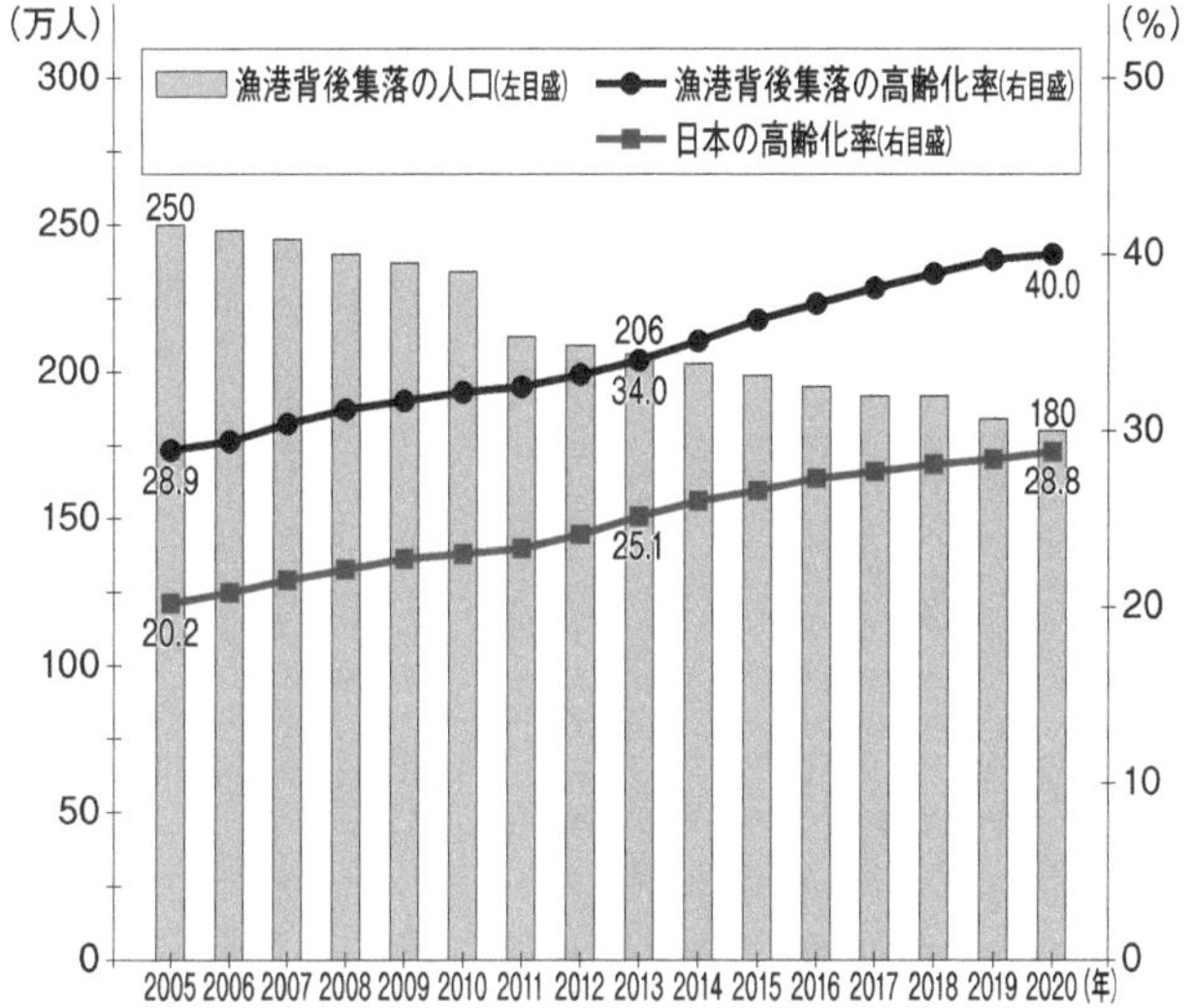

出所：『水産白書』（令和２年）より作成

体の高齢化率をさらに一〇ポイント強上回って四〇・〇％（二〇二〇年）に達した。

水産庁によれば、四〇八八ある漁村の過疎化率は六七・七％（二〇二〇年）にもなるという。わが国の海岸線延長は三万五〇〇〇キロメートルを超える〔国土交通省「海岸統計平成二八年度版」〕。この、広大な沿岸域の多くの場所で衰退が進んでいることになる。国境域のスポンジ化だ。

これが漁村だけの問題かといえば、決してそうではない。漁村は沖合漁業や遠洋漁業といった周辺国との激しい競争にいどむ漁業に、人材を供給する母体となってきた。その疲弊は沖合・遠洋漁業にじわりじわりと影響をおよぼす。

従来、漁家の〝次男三男〟は、家業の継承を長男に任せ、自分たちは沖合・遠洋漁船に乗り組み、外貨獲得産業を支えてきた。例えば、海外で活躍するまき網漁船の船主は全国に散らばっているが、乗組員は今でも石巻《いしのまき》や釜石《かまいし》など、東北の漁村出身者が目立つ。

しかし、こうした姿がいつまでみられるかは未知数である。漁村出身者は日本の沖合・遠洋漁業の維持に不可欠であるものの、今日、漁家も少子化と無縁ではないからだ。

次男三男の漁業離れだけが問題ではない。長男ですら、「日本海銀行」が破綻するような状況では〝家督〟を放棄する。高校の統廃合が進み、大学進学率も上昇するなか、進学で漁村を離れることも珍しくない。一度漁村を離れれば、よほどのことがない限り漁村には戻ってはこない。

家族を持つタイミングで教育や医療などの生活環境や、賃金水準等の雇用環境が良好な都市部に流出する事例も少なくない。その結果が、後継者確保率の低迷であった。養殖を除いた沿岸漁業層の後継者確保率は、一二・七％（二〇一八年）と惨憺《さんたん》たる状況だ。

結局、漁村・漁家の疲弊は、沿岸漁業はもちろんのこと、沖合・遠洋漁業にも悪影響をおよぼし、日本の漁業を人材面から尻《しり》すぼみにさせる要因となっている。まさに負のスパイラルといえよう。

2　やめられない外国人依存

労働力不足

日本はすでに、総人口ばかりか生産年齢人口の減少局面にも入っている。合計特殊出生率は人口維持に必要な値には遠く及ばず、二〇〇五年に記録した過去最低の一・二六からわずかに反発した程度（二〇一九年は一・三六）で推移している。四・三を記録した第一次ベビーブーム期と比べれば雲泥の差だ。低迷もニュースとしての価値はまるで低下しており、驚くことでもなくなった。

年間出生数が一〇〇万人を下回ったと大騒ぎになったのもかつてのことで、二〇一九年に生まれた子どもの数は過去最低を更新する八六万五二三九人（確定値）と、四年連続で一〇〇万人割れとなっている。「調査開始以来過去最少」は決まり文句として定着した。

出生数の低迷は高齢化と表裏一体であり、総人口の減少のなか、高齢化率は二八・八％（二〇二〇年）を記録。この数字は世界で最も高いとされる。後期高齢者が前期高齢者を上回ったことを意味する「重老齢社会」が到来したかと思えば、次は「二〇二五年問題」がやってくるという。一九四〇年代後半に生まれた「団塊の世代」が医療費負担の大きい後期高齢者となるのが二〇二五年とのことで、もう手の届くところまできてしまった。

現役世代には恐ろしい、日本の高齢者人口がピークを迎え、現役世代一・五人が高齢者一人を支える構図になる「二〇四〇年問題」も遠い未来の話ではなくなっている。

こうした厳しい人口事情・労働力事情があるなかで、労働環境が恵まれているとは言い難い漁業が簡単に労働力を確保できるはずもなく、既述した人材不足が露呈している。

現在、日本の食料供給に不可欠な漁業就業者は、沿岸、沖合、遠洋、養殖とすべてを合わせても一五万人ほどしかおらず、地方都市人口程度の就業者でその任を負っている。しかしそれはすでに限界に達しており、日本人だけで産業が維持できない状況になって久しい。

労働力不足は、とくに多くの雇用労働力を必要とする、沖合などで操業する漁船漁業で顕著になっている。それは有効求人倍率の推移に反映されるようになった。

各年の国土交通省「船員職業安定年報」をみると、漁船の有効求人倍率は「団塊の世代」の退職で労働力不足に直面していた商船を二〇一六年に抜きさり、さらに二〇一八年にはついに三の大台を超えて三・〇二となる。二〇一九年には、商船が足踏みするなか引き離しにかかり、三・五六に伸びた。全産業は一・六〇であるので、漁船は倍以上だ。

リーマン・ショック後は、しばらく一を大きく下回っていただけに、その急激な求人倍率の上昇からは、〝臨界点〟に到達した漁船乗組員の高齢化や、労働力供給源となってきた漁

漁船ならびに商船等の有効求人倍率の推移

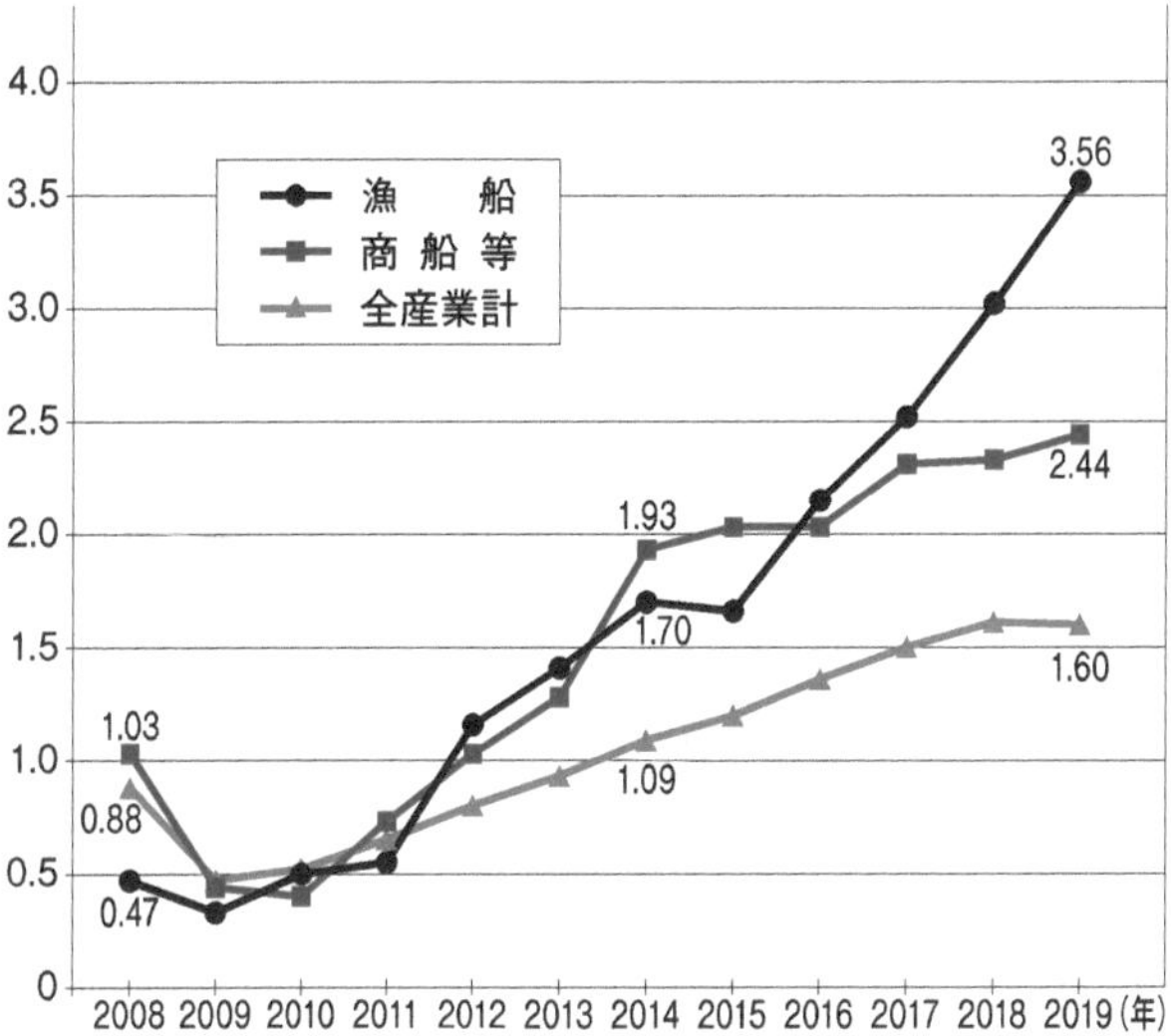

出所：各年の国土交通省「船員職業安定年報」より作成

村の疲弊など、様々な要因が連想されるところとなっている。

外国人労働力の導入

労働力不足に対して、漁業界は外国人依存を強めた。遠洋漁業ではマルシップ制度で、沖合漁業では技能実習制度で外国人労働力を確保してきたのだ。

前者のマルシップ制度は、日本法人が所有する船舶を外国法人に貸し渡し、その外国法人が現地で外国人船員（マルシップ船員）を乗り組ませたうえで、貸し渡した日本法人が定期用船として再度チャーターする制度となっている。外国人労働者は、あくまで外国の漁業会社の従業員であるという建て付けを維持するための制度である。

マルシップは、一九七〇年代後半に商船に導入された制度で、世界的な運賃競争の激化を受けて取り組まれた、人件費削減を目指した外国人混乗制度として重宝されてきた。

遠洋漁業では一九九〇年に「海船協方式」という名称で導入され、燃油費や入漁料といった操業コスト高、それに外国漁船との競合激化に苦しむ漁業経営体を側面支援する。一九九八年には、従来の混乗率上限四〇％を上回って外国人船員を乗せることができる漁船マルシップ制度へと移行して、今日にいたっている。

遠洋マグロはえ縄漁業や遠洋カツオ一本釣り漁業が大きく経営体数を減らすなかでさえ、この制度で雇用されるマルシップ船員は四〇五九人（二〇二〇年）にのぼる。

後者の外国人技能実習制度は、一九八九年に在留資格が明確化された外国人研修制度を土台としたもので、沖合漁業では一九九二年からカツオ一本釣り漁業で導入された。

その後、イカ釣り漁業やはえ縄漁業、さらにはまき網漁業や底びき網漁業などへと受け入れ可能漁業を順次拡大している。二〇二〇年に入ってからは、業界が渇望していたサンマ棒受網漁業での活用も可能となった。

養殖を除く漁業分野で働く技能実習生は、年間約二〇〇人の増加ペースで拡大しており、二〇二〇年には一九一七人となった。

近年、漁業は新たな在留資格「特定技能」による労働力確保の道も得ている。新制度は、家族の呼び寄せが可能で、永住への道筋を示した制度として大きな議論を呼んだ。

漁業でも二〇二〇年以降、二年一〇ヶ月以上の技能実習を修了した外国人が、この新在留資格を取得して就労することが可能となっている。二〇二一年六月時点では、この制度を使い一九八人が働いている。

技能実習を経ていない者を受け入れるための、「漁業技能測定試験」と日本語能力試験も実施されはじめた。漁業界をも巻き込む外国人労働力の受け入れ態勢整備は、移民制度の正式導入の発表を待つだけのような充実したものになっている。

インドネシア人が日本漁業を支えている

現在、沖合漁船に乗り組んで私たちに魚を獲ってきてくれる技能実習生は、全員が男性の若きインドネシア人だ。定置網漁業や養殖業で用いられる作業船には、ベトナム人などもみられるが、漁撈《ぎょろう》船ではインドネシア人の独擅場《どくせんじょう》となっている。

かつてはフィリピンや中国からの若者も働いていたが、インドネシア人は体格も日本人に近く、酒を好まない敬虔《けいけん》なイスラム教徒が多いことから歓迎され、活躍の場を広げた。

インドネシア依存は遠洋漁船（マルシップ漁船）でもみられており、日本漁業には不可欠な存在となっている。日本の漁業界でインドネシア依存が深まる要素は多岐にわたる。

インドネシア全土に水産高校が整備されていることや、現地の賃金水準が依然として低いこと、労働集約的な産業が多数残存するインドネシアでは高学歴者の失業率が相対的に高いことなどがある。実際、現地調査では、水産高校の卒業生は高学歴すぎるとして、雇いたくないという漁業会社の社長に会った。

水産高校を卒業した〝エリート〟の彼らにとって、活躍の場が狭いインドネシアではなく、海外で学歴を得るまでに費やした努力と獲得した技能をお金に換えたいと思うのは当然のことだろう。そのため、日本だけでなく韓国や台湾などで働くインドネシア人船員の姿をみることも珍しくない。彼らの活躍の場は世界の海なのだ。

ただ、韓国や中国の漁船は相対的に過酷な労働環境であることが多く、それを敬遠して日本漁船に優秀な人材が向かいやすい状況も一部でみられる。中国漁船では、海上で亡くなったインドネシア人船員が水葬と称して「海洋投棄」される事件が表面化した。

台湾の場合、特定の便宜置籍船（規制を逃れるため船籍を他国に挿《す》げ替えた船）での虐待や長時間労働が問題になっており、アメリカは二〇二〇年、こうした台湾の遠洋漁船団によって漁獲された魚を「強制労働によって生産された品目リスト」に加えた。

日本の漁船も労働環境は決して良好とはいえないが、息子のようにかわいがる船主や船頭もおり、陸に上がれば食事に連れ出したり、給与以外に小遣いを渡したりしている。こうした話はSNSが普及した今日、すぐにインドネシアにいる後輩に伝わる。日本漁船がインドネシア人労働力を確保できているということは、現段階では、日本とインドネシアの共存関係がなんとか保たれ、崩れていないことを意味している。

なお、遠洋漁業で雇用されるマルシップ漁船の場合、入漁条件として漁場国労働者の雇用が義務付けられることがあり、全員をインドネシア人にすることは不可能で、フィジーやキリバス、ミクロネシア連邦等の漁場国の労働者が働く姿がみられる。

大の酒好きであることが玉に瑕《きず》であるが、彼らもレスラーのような体格を活《い》かし、はるか海のかなたで活躍している。

外国人船員が国境の最前線に立っている

北は稚内《わっかない》に根室《ねむろ》、南は石垣《いしがき》にいたるまで、全国津々浦々で活躍しているインドネシア人乗組員であるが、すべての漁業で不可欠な労働力となったことで〝国境〟の最前線で、そして他国との漁獲競争の只中《ただなか》で仕事をすることが求められるようになっている。

日本海での北朝鮮漁船や中国漁船による活発なイカ漁が報道されているが、日本の漁船も出漁しており、そこでもインドネシア人が働いている。

イカ釣り漁船は旅船《たびぶね》といって、イカの魚群が形成される時期ごとに操業海域を変えるため、年がら年中、北朝鮮や中国の漁船と対峙《たいじ》しているわけではないが、全国のイカ釣り漁船には二〇二〇年時点で、二四三人のインドネシア人が乗り組んでいる。イカ釣り船は、稚内沖宗《そう》谷《や》海峡で操業する時期もあり、その際はロシアの国境警備局が恐ろしい相手となる。

さらに日本海では、韓国漁船と競合関係にあるベニズワイガニ漁業もおこなわれており、ここでも彼らが奮闘する姿がみられる。資源管理のため、操業できる日本漁船の隻数が絞られていることから人数はそう多くないが、境港《さかいみなと》を拠点に五〇人ほどが働いている。

そして、問題の東シナ海も例外ではない。中国の虎網漁船や敷網漁船と競合せざるを得ない大中型まき網漁船で、大勢のインドネシア人が頑張っているのだ。やはり、旅船として道東沖や三陸沖でも操業するので通年ではないが、二〇二〇年時点で四二二人が働く。

最近では、三陸沖にも中国の虎網漁船が展開するようになってきたので、イカ釣り船同様、日本のまき網船も一年を通して競争相手に〝不自由〟することはなくなっている。

尖閣諸島を含む東シナ海南部に目を移せば、そこがマグロの回遊路で重要な漁場となっていることから、多くのマグロはえ縄漁船が操業している。石垣島の八重山《やえやま》漁協に所属する漁船や、宮崎県の日南《にちなん》市漁協などに所属する漁船で働く彼らは一〇〇人ほどになり、尖閣諸島の近くで台湾の東港や蘇澳《そおう》のマグロはえ縄漁船と激しく漁獲を競う。

境港のベニズワイガニ漁船で働くインドネシア人

台湾漁船もコスト削減を目指して、フィリピン人やインドネシア人の乗組員に、日本以上に依存しているので、尖閣海域では外国人船員による〝代理戦争〟が勃発《ぼっぱつ》していることになる。

これら以外にも、対馬《つしま》海域などで操業する底びき網漁船にも多くのインドネシア人が乗り組んでいる。全国では、四〇一人（二〇二〇年）が底びき網漁船で働いている。

日本は、インドネシア人がいなくては国境漁業を守り抜くことができないのだ。

3　出航できない船

漁船海技士の不足は深刻だ

公表されて間もない「二〇一八年漁業センサス」（農林水産省）によれば、漁船漁業では基本的に漁船の規模が大きくなればなるほど外国人比率が高まる傾向にある。

この全体傾向はこの一〇年変わらない。しかしながら内訳をみると、一〇〜二〇〇トンの漁船で一〇〇〇人ほど外国人船員の増加が見られるのに対して、二〇〇トン以上の漁船では大きく人数を減らしていることがわかる。遠洋漁業の経営が苦しくなるなかでマルシップ船員が船を下り、重要な食料供給源となった沖合漁業での技能実習生の導入拡大が進み、外国人依存が深まっているのだ。

そしてこのことは、海面漁業生産量の五割弱をまかなう沖合漁業における労働力不足が深刻化していることを意味しており、緊張感をもって受け止める必要がある。

なぜ緊張感が必要か。近年、沖合漁業はインドネシア人依存では解決できない問題に直面するようになっているためである。海技士不足問題だ。

海技士資格は、一般に乗船履歴を積むなかで獲得し、さらに経験を積み増すことで上級資格へステップアップしていく性格がある。漁船は若い日本人船員を確保して、そのなかからの「たたき上げ」で資格者を、幹部を育成・確保してきた。

しかし沖合漁業では、経営環境の悪化や漁村が人材を送り出す力を喪失するなかで、二〇年以上にわたって若年日本人ではなく外国人労働力の〝新規採用〟を推し進めてきた。そして、こうした戦略によって操業の停止や労務倒産の危機を乗り越えてきたのだ。

海面漁業生産量の推移

年	計	漁業				養殖業
		小計	遠洋	沖合	沿岸	
2008年	5,520	4,373	474	2,581	1,319	1,146
2009年	5,349	4,147	443	2,411	1,293	1,202
2010年	5,233	4,122	480	2,356	1,286	1,111
2011年	4,693	3,824	431	2,264	1,129	869
2012年	4,786	3,747	458	2,198	1,090	1,040
2013年	4,713	3,715	396	2,169	1,151	997
2014年	4,701	3,713	369	2,246	1,098	988
2015年	4,561	3,492	358	2,053	1,081	1,069
2016年	4,296	3,264	334	1,936	994	1,033
2017年	4,244	3,258	314	2,051	893	986
2018年	4,364	3,359	349	2,042	968	1,005
2019年	4,144	3,228	329	1,970	930	915

※各欄の数字は四捨五入している。そのため合計値が、小計値と養殖業を加えた数字と差がある年もある

（単位：千トン）

年	沿岸比率	養殖比率	沖合比率	沖合＋遠洋比率
2008年	23.9	20.8	46.8	55.3
2009年	24.2	22.5	45.1	53.3
2010年	24.6	21.2	45.0	54.2
2011年	24.1	18.5	48.2	57.4
2012年	22.8	21.7	45.9	55.5
2013年	24.4	21.2	46.0	54.4
2014年	23.4	21.0	47.8	55.6
2015年	23.7	23.4	45.0	52.9
2016年	23.1	24.0	45.1	52.8
2017年	21.0	23.2	48.3	55.7
2018年	22.2	23.0	46.8	54.8
2019年	22.4	22.1	47.5	55.5

（単位：％）

出所：各年の「漁業・養殖業生産統計」より作成

ところが、この弥縫《びほう》策が乗船履歴を獲得して上級の海技士資格を取得して幹部となっていく人材の養成を滞らせ、漁船の運航に欠かせない海技士の不足をもたらすようになった。海技士不足や海技士の高齢化の様子は、二〇一七年に大日本水産会が実施した調査から明らかになる（『水産界』第一五八七号）。

漁船海技士の年齢構成は、六〇～六四歳の年齢層が最大で、これを含めた五五歳以上の年齢層が占める割合も四八・四％にまで高まっている。漁船では、運航の任にあたる幹部船員の約半数が五五歳以上になっているのである。四年前の調査でこの数字だ。

一方、産業規模の縮小が進み、外国人労働力依存などといった経営の合理化が進められるなかでキャリアをスタートさせた三五～三九歳の層、四〇～四四歳の層は、各四〇〇人ほどにとどまり、産業の持続性が失われつつある実態が浮き彫りになる。

この壮年層は、家庭を持ち子育てする年齢層でもある。チャンスがあれば、より労働環境の良い商船に転職することを考える。漁船漁業が抱えるリスクは小さくない。

漁船から商船への転職はそれほど難しくないのも問題を大きくする。船舶の運航は、漁船も商船も同じ海技士という資格者によって担われるためである。

東北の漁港を訪ねた時のことだ。サビも浮いておらず比較的状態の良い漁船が漁港のはずれに係留されていた。不思議がって漁協の職員に理由を聞けば、機関長を確保できずに出航できないでいるとのことであった。

外国人へ依存し続けてきたことの弊害や、依存することの限界が海技士不足として露呈し、〝出航できない船〟を生み出している。全国の漁港で、こうした漁船が次々とでてくることは、十分に予見される未来となっている。

学校教育と疎遠になる漁業界

労働力の供給源として重要な学校教育機関と、漁業の関係も希薄化が進んでいる。かつては、一万人以上の中卒者がコンスタントに漁業に就業し、地域や産業を支えてきたものの、産業構造の変容や教育資格の高度化（すなわち高学歴化）が進展するなかで、中卒者の漁業就業者数はみるみるうちに減少していった（文部科学省「学校基本調査」）。

一九五七年のピーク時には、実に一万五三二五人もの中卒者が漁業に就業していたが、「二〇〇カイリ元年」前夜となる一九七六年には一三三〇人に激減する。

進学率が上昇するなかで高卒者を主要な労働力として期待した時期もあったが、頼れる状況も長くは続かなかった。一八〇〇人近くの高卒者が進路として漁業を選択した一九五〇年代を最盛期に、今日では五〇〇人を下回って推移している。

遠洋漁業が花形産業とされた時期には、濃厚な関係を築いていた漁業と水産高校であったが、こちらも疎遠だ。今日では全国四一校の水産高校本科を卒業して沖合漁業や遠洋漁業を支える人材となるのは、毎年一〇〇～一五〇人ほどにすぎない。

漁業への就業が低迷するなかで、商船業界へ就業する者は増えている。水産高校本科を卒業して商船に乗り組んだ者は、二〇一〇年で三〇人であったのが、二〇一八年には一九八人にもなっている〔全国水産高等学校長協会『全国公立水産関係高等学校一覧』〕。

漁業・漁船離れは、三級海技士養成機関である水産高校専攻科（本科卒業生が進学して二年間学ぶ課程）修了者の場合により顕著だ。商船への就業が毎年一三〇～一五〇人程度で推移する一方、漁船への就業は二〇人程度と低迷し、また自営漁業への就業はほとんど皆無といえる状況が長らく続いている。

三級海技士という「士官」や「高級船員」と称される資格を取得した者にとって、漁船への就業という進路がくすんで見えていることがはっきりとわかる。

敬遠される理由

漁村が縮小し、また水産高校といった教育機関とも関係を希薄化させたことで、人材の供給源を失いつつある漁業だが、若者が敬遠する背景には何があるのだろうか。商船へ人材が流出する事態は、何が引き起こしているのだろうか。

一つは「危険」であることがあげられる。いわゆる3Kのうち、「きつい」「汚い」は個人の主観に左右される。どんな環境でも「きつい」「汚い」と思わない奇特な方もいる。しかし、「危険」はそうもいかない。数字で証明されてしまうのだ。

漁船漁業の労働災害発生率（休業四日以上）は、二〇一八年度で、千人当たり一二・七人となっており、一般船舶の二・三倍、さらに陸上全産業との対比では五・五倍にも達する（国土交通省「船員災害疾病発生状況報告集計書」）。

漁船の事故は、登録動力漁船数が減少を続けるなかでも年間五〇〇件程度は未だあり、転覆・沈没等の重大事故では年間四〇～五〇人の死者・行方不明者がでている。

漁船は漁獲物の単価上昇を目論《もくろ》み、悪天候のなか操業することも珍しくない。ライバル船が沖に出ない日、市場に出荷される魚が少ない日ほど魚の値段は高騰し、利益があがる。「命知らず」と言われようが、それが漁師のサガなのだ。

ただ最近は、金目当ての「命知らず」な行為による事故は減少している。無理な操業は、船主・船頭はいいかもしれないが船員がついてこない。かわりに懸念されているのが、様々な理由から、沿岸域に魚が寄ってこなくなるなかで、仕方なく「濃い魚群」を求めて遠方まで出向くことで発生する事故となっている。小さな漁船であればあるほど、不慣れな漁場で気象・海象の急変に対応することは容易ではない。

実際に二〇一九年九月には、北海道大樹町《たいきちょう》のサンマ漁船（二九トン）が納沙布岬《のさっぷ》の沖合約六〇〇キロメートルの場所で横波を受け転覆。一人が死亡し七人が行方不明になる痛ましい事故が発生した。これはサンマ資源が沿岸に回遊してこないなかで、不慣れな遠方漁場での操業を強いられたことが要因と考えられている。

こうしたリスクのある漁船での操業は、一部機械化がみられるものの、基本的に労働集約型で、漁撈活動はもちろんのこと、漁獲後の処理なども手作業だ。その操業は天候に左右され、労働時間は魚しだいとなる。漁模様によって不規則で長時間化しやすい。

操業と頻繁な漁場移動を繰り返すこともあり、その場合はまとまった休息時間を確保することも難しい。疲労の蓄積は集中力を低下させ、海中への転落やロープ事故を誘発する。

船員にとって漁船は労働の場であるとともに、居住の場でもあるが、その居住環境も良くない。たいていの漁船は、トン数規制や船体価格の圧縮のため、なるべく小さくなるように設計・建造されるからだ。無駄を省くことで省燃費化にもつながる。

一方で、こうした努力は乗組員の居住空間を極小化させる。休息の場となる居住スペースは、個室をあてがわれるごく一部の幹部以外は、カーテン一枚で仕切られた半畳にも満たない空間しかない。一昔前は小部屋での雑魚寝《ざこね》も珍しくなかった。人間の寝床より魚の寝床、すなわち魚艙《ぎょそう》が大切だったのである。

沖合漁業で多用されている一九トン船では、今でも風呂《ふろ》がないのは驚くことではなく、シャワーも真水で温水となれば最高の船といえよう。

特殊な漁船労働

漁船乗組員の特殊な法的位置付けも、陸上産業との差異を際立たせる。

漁船乗組員については、「船員法」（第六〇～六九条、第七四～七八条）にもとづく労働時間（一日八時間・週四〇時間）、休息時間、休日、割増手当、有給休暇の各規定が適用除外とされており、結果的に残業という概念も存在しないのだ。

その代わり、水揚げ額に応じた大仲歩合制＋代分《しろわ》け制（燃料費などの大仲経費を水揚げ額から控除した残額を船主と乗組員で分け合う慣行）で賃金が算出され、漁獲に見合った割増賃金が職位に応じて支払われる。

労働意欲が維持され、豊漁時は大きな報酬が期待できる一方、漁業の特質である経営の不安定性を労働者に転嫁しているともいえ、水揚げ額を追求した無理な操業が誘発される点や、賃金が定額化しない点は問題視されている。

漁業種類によっては、資源管理のための禁漁期が設定され、雇い止めが生じるなどの、解消しづらい根本的な問題もある。さらに漁船には、定期検査や修繕作業があり、どうしても操業できない期間が発生する。この間は、漁網や船体などの整備作業のために再雇用される者もいるが、失業保険を受給して当座の暮らしを維持せざるを得ない者もでる。

「働き方」に注目が集まるなか、若年層がこうした漁船漁業の操業上の特質を甘受し、漁船を就労の場として選択することは、漁村が疲弊し、地縁・血縁の力が弱まってきている現今、かつてよりも難しくなってきている。

外国人依存が思考停止を加速させた

海技士不足・人材不足への対処では、本来、こうした諸課題を乗り越えるため、若年層が渇望する船内 Wi-Fi の整備や、唯一のプライベート空間となるベッドスペースの拡大など、労働者の視点から様々な環境改善を図っていかなければいけないのだが、現実は厳しい。

水産高校にくる求人票からも、商船との待遇差は歴然である。商船では人材獲得のため、個室を用意し、TVやDVD、そして冷蔵庫まで用意する船があるのだ。職業選択の自由があるなかで、強力な経済要因が漁船の労働力確保を困難にしているといってよい。

漁業会社が待遇差を解消しようにも、外国漁船との競合や燃油価格の高止まりなど、経営の外部環境は改善の見込みが薄く、投資余力のない漁船漁業分野では海技士不足という重要問題は、解消が見通せなくなっている。

外国人依存の問題は本来、漁業の過酷な労働環境や深刻な経営環境を見つめ直すきっかけとすべき問題で、スタートラインのはずだったが、人材確保策ではゴールの扱いを受けているのだ。外国人があまりに即効性の高い〝良薬〟であるからこその思考停止といえる。

はたして、外国人に依存することで海技士不足の解消は遠のくばかりか、人材送り出し機能を期待されなくなる漁村のもう一段の疲弊も心配されるところとなっている。

国境の海が騒がしくなるなかで、こうした日本漁業や漁村の衰退は、近い将来、とてつもない問題を、そして取り返しのつかない問題を惹起《じゃっき》するだろう。人材枯渇産業の存続策検討は待ったなしだ。

第五章　軍事化する海での漁業

1　緊張高まる尖閣諸島

二〇〇〇年代、緊張が高まる

中国が外洋に目を向け牙《きば》を剝《む》き始めるまで、尖閣《せんかく》諸島には、日本が有する七〇〇〇近い離島のいくつかにすぎない、穏やかな時間が流れていた。

しかし、中国がGDPを指数関数的に拡大させ始めた二〇〇〇年頃から、不穏な空気が流れるようになる。二〇〇三年六月には、中国本土の活動家によるものとしては初めての領海侵入事件が発生。翌年三月には、漁船でやってきた中国人活動家七人が魚釣《うおつり》島に不法上陸した。

二〇〇八年以降は眠気を覚ます、さらに強烈な事件が連発する。二〇〇八年一二月八日に発生した、中国国家海洋局の海洋調査船二隻が九時間も尖閣諸島領海内に居据わった事案は、それ以後の対立の深刻化を予見させるショッキングなものとなった。

わずか半年前となる二〇〇八年五月に日本を訪問した胡錦濤《こきんとう》国家主席が、福田康夫《ふくだやすお》総理と「戦略的互恵関係」の包括的推進に関する共同声明に署名していただけに、この実力による現状変更を試みる領海侵犯事件は、日本政府にとっては予期せぬものだったのだ。

日中対立は、二〇一〇年九月七日に発生した「中国漁船衝突事件」で決定的となる。公務執行妨害で逮捕された中国人船長に対し、当時の民主党政権は国内法にもとづいて起訴する司法手続きを選択。この日本側の主権発動に対して中国側は強く反発した。

従来の自民党政権は勾留《こうりゅう》後に強制退去させるという「配慮」を見せていたことから、日本側こそが現状変更を試みたと強弁するかのように反発したのであった。

中国政府による対抗策は広範囲におよび、レアアースの対日禁輸や日本人の身柄拘束などの報復にでた。結局、最後は日本政府が「那覇《なは》地検の判断」という落としどころをもって、船長を釈放しなければならない状況にまで追い込まれた。

これを契機として、尖閣諸島を囲む接続水域や領海内への中国公船（国家海洋局海洋調査船「海監」や農業部漁業局漁業監視船「漁政」。両組織は二〇一三年に海警局に統合）の侵入回数が急増し、「固有の領土」として現状維持に努めていた日本政府は窮地に立たされる。

東日本大震災後の混乱期と重なり、対応は後手に回った。二〇一二年四月には、石原慎太郎《いしはらしんたろう》東京都知事（当時）が尖閣諸島を東京都で購入する意思を表明して火に油を注ぐ。

尖閣諸島の「国有化」と中台の反発

二〇一二年九月一〇日、尖閣諸島のいわゆる「国有化」が発表される。

野田佳彦《のだよしひこ》内閣は、「尖閣諸島の取得・保有に関する関係閣僚会合」を開き、「引き続き、尖閣諸島における航行安全業務を適切に実施しつつ、尖閣諸島の長期にわたる平穏かつ安定的な維持・管理を図る」ため、魚釣島・南小島《みなみこじま》・北小島《きたこじま》について「所有権を取得する」ことを決定したのだ（首相官邸「尖閣諸島の取得・保有に関する関係閣僚申し合わせ」）。

これは、二〇〇二年四月から続けられてきた総務省の所管による「借り上げ」管理方法から、海上保安庁が所管する「尖閣諸島の取得・保有」への政策転換となった。

日本政府としては、東京都が購入するよりも中国側の理解を得られると考えたが、日本側の現状変更を奇貨ととらえる中国政府が、攻めの手を緩めることはなかった。

むしろ中国政府は、チャンスを活《い》かそうと国民を動員しての反日デモを各地で「主催」。二〇一二年八月から九月のデモは、北京《ペキン》の日本大使館への抗議行動だけでは済まず、日系のスーパーや自動車ディーラー等をターゲットとした放火や略奪行為にまで拡大した。

この時、日本は中国と同様、尖閣諸島の領有権を主張する台湾との関係も悪化させる。日本と台湾は、法治と民主主義という価値観を共有し、国としての関係がないなかでも国民同士の交流は拡大していたため、日本国内では困惑の声があがった。

第二章で述べたように、二〇一二年八月には馬英九《ばえいきゅう》総統が「東シナ海平和イニシアチブ」を発表し、「釣魚台列島《ちょうぎょだい》」の台湾領有を前提とした共同経済開発を日本に呼びかける。さらに翌月には、馬総統容認のうえ、宜蘭《ぎらん》県蘇澳《そおう》の漁船約五〇隻（蘇澳区漁会は五八隻の漁船と二九二人の漁業者が参加と公表）と台湾海岸巡防署の巡視船一二隻が尖閣諸島領海内へ侵入した。

台湾の強硬姿勢

侵入した漁船には、経営トップが中国との深い関係を取りざたされている、旺旺《ワンワン》中時媒体集団から資金援助された船もあった。旺旺中時媒体集団は、台湾の大手マスコミグループの一角を占めていることから、日本政府や現場で対応した海上保安庁は、神経をすり減らした。漁船には、記者も乗り込んでいると考えられたのだ。

日本の海上保安庁にあたる台湾行政院海岸巡防署（現在の海巡署：R.O.C. Coast Guard）も強硬な姿勢を示す。「国民の自発的な保釣《ほちょう》」活動については、「保護責任を必ずや全うする」とした。さらに巡視船を適切に配置し、「漁民の釣魚台海域における漁業権および安全を保障していく」と表明〔行政院海岸巡防署・二〇一二年九月二四日〕。海岸巡防署は、「主権防衛、漁業権保護」を徹底するとの姿勢を貫いていたのだ。

さらにこの時、中国が、台湾漁船や台湾公船の背後から公船「海監」を接近させ、台湾とともに日本を制する機運の醸成工作を図る。「国有化」は事態を鎮静化させるのではなく、次々と難題を降って湧かせることになったのだ。中台の連携、台湾の大陸への接近は何より避けたい事態であったので、日本政府は窮地に追いやられた。

「国有化」後の東シナ海は混迷を深める

日本政府による尖閣諸島の「国有化」は、中国にとって〝慶事〟だった。表向き、日本政府に主権侵害への抗議を繰り返すものの、その実、問題の「棚上げ」を放棄したと解釈できる日本政府の行動は、尖閣諸島に堂々と実力を行使できるチャンスの到来とうつった。国際社会へも、数々の対日圧力は日本政府の「一方的な主権侵害行為」への対抗策であると説明できることもよかった。

そもそも、領土問題を「核心的利益」に位置付ける中国共産党が、日本政府の「悪手」を見過ごすはずもなく、以降、中国による日本への圧力は目に見えて強まっていく。

中国政府は、「日本政府の現状変更」を奇貨に尖閣諸島へ公船を送り込む。尖閣諸島の領海

旺旺中時媒体集団から資金援助された漁船が海上保安庁と洋上で角逐する

海上保安庁の小型巡視船に接近する台湾海岸巡防署の巡視船

および接続水域への侵入は、「国有化」をきっかけにして実質的に「開始」された。

日本側は、侵入急増に対応するため、石垣島《いしがき》や宮古島《みやこ》にある海上保安庁の拠点を拡充し、石垣島にはヘリを搭載できる大型巡視船など一二隻からなる〝尖閣専従部隊〟を組織して対応に当たらざるを得なくなっている。水産庁も、ヘリを搭載できる漁業取締船や航空機を追加取得し、取締体制の強化を図った。

東シナ海の軍事化と「第二の海軍」の膨張

日本側が防禦《ぼうぎょ》体制の整備・構築に努めている間にも、中国側は海洋進出の意思をより明確にし、それに見合う組織の整備・増強を、日本側を上回るペースで進めている。

尖閣海域において海上保安庁の巡視船と対峙《たいじ》する中国海警局（China Coast Guard）の海警船は、二〇一八年七月以降、中国共産党中央軍事委員会隷下の人民武装警察に編入されたのだ。司令には、東海艦隊の副参謀長を務めた王仲才《おうちゅうさい》少将が就任。中央軍事委員会という政府中枢の直轄となり、また海軍エリートによる陣頭指揮のもと、軍と警察組織の一体運用が図られるようになっている。

配備される船も強靭《きょうじん》で、一〇〇〇トン以上の大型船だけでも一三〇隻以上あり、日本の七〇隻規模を大きく上回る。名実ともに〝第二の海軍〟として存在感を発揮している。火力を

中国公船等による侵入隻数

出所：海上保安庁資料より作成

向上させた「海軍汎用《はんよう》型をモデルにした海警船の建造も確認されている」との声もある。

　日本政府はもちろんのこと、アメリカ政府も海警局への警戒感は強く、国防情報局（ＤＩＡ）は世界最大の沿岸警備組織とみている。アメリカ沿岸警備隊も海警船を警戒し、二〇一九年以降、東シナ海に四五〇〇トンクラスの警備艦を派遣しているほどだ。

踏ん張る海上保安庁

　海上保安庁は、シーマンシップにのっとって、「海の憲法」と呼ばれている「国連海洋法条約」や、国際海事機関（ＩＭＯ）が定めた海上交通ルールにもとづいて「丁寧」に対処しているが、意思の疎通が難しい中国公船を相手に、警備の難易度はあがっている。

ある海上保安庁の幹部は、「現場の状況は悪化の一途だ。一体いつまでがっぷり四つの状態を継続しなければならないのか」と憤る。そして「船や装備の増強が必要だと簡単に言われるが、動かすのは人であり、人材育成は一朝一夕にはできない。このまま量の勝負になると限界が見えてくる」と吐露する。

日本の漁師も苦しんでいる。二〇一三年二月四日には、魚釣島西四マイルの領海内で早朝から操業していた、鹿児島県の一九トン型漁船二隻が中国公船の突然の進路変更・追跡によって操業妨害を受ける事件が発生した。

この時、二隻の漁船は魚釣島や北小島・南小島の周りで半日におよぶ執拗《しつよう》な追跡を受けている。結局、魚釣島を三周してもなお中国公船の追尾は続き、敦賀《つるが》海上保安部から応援に来ていた巡視船「えちぜん」（三五〇〇トン）などの助けを借りて、日の沈む直前となって、かろうじて与那国《よなぐに》方面に逃げ切ることができた。

母港の岩本《いわもと》漁港に戻った漁師はくさくさしてつぶやいた。「あいつらは最初俺たちが接近されても漁を止めなかったことにイラついたんだと思うよ。だっていきなりだからね、踵《きびす》を返したの。結局、俺たちを威嚇して、俺たちがビビる様子が見たかったんだよ」

石垣島にある海上保安庁宮古島海上保安部の大型巡視船

鹿児島茶を苦そうにすする漁師は、いつになく元気がなかった。

「俺たちからみれば、あれは海賊船だ」

この追跡事件から八年あまりたった現在、尖閣諸島はより緊張感の高い漁場へと変化している。尖閣諸島には海警船が常駐するようになっており、日本の漁師たちは慣れ親しんだ漁場を放棄せざるを得なくなっているのだ。コロナ禍によって魚価が低迷するなか、少しでも量をかせぎたい漁師にとって漁場の消失はまさに痛恨事だ。

日本漁船をターゲットとした我が物顔の海警船の示威行為は、従来の魚釣島周辺だけにとどまらず、大正島《たいしょう》にまでおよんでいる。

二〇二〇年一〇月一五日には、単独で大正島漁場に向かっていた熊本県の一九トン型漁船が、大正島西方の領海にでたり入ったりしていた海警船四隻に突如追尾される事件が発生。

日本漁船の領海内への「侵入」を阻止するかのごとく接近した海警船団は、九時から一七時までの八時間にわたって執拗に日本漁船につきまとった。

この漁船は、海警船が跋扈《ばっこ》する魚釣島漁場での緊張を嫌気して大正島に漁場を求めた結果、今度は大正島にいた海警船の〝餌食《えじき》〟となってしまったのである。この緊急事態に、海上保安庁の大小の巡視船一〇隻ほどが駆け付け、護衛して事なきを得たものの、どこに行っても海警だらけとなった尖閣の海で、日本漁船はさまよっている。

朝から追いかけ回され、青息吐息で那覇に戻った漁師は、「目星を付けやすい魚釣島の漁場を失い、そしていよいよ大正島もだ」と肩を落とした。その時の様子を聞こうとすると、「俺たちの前で中国公船という呼び方は止めて欲しい」と、少しいらだって質問を遮った。生活を脅かされている者が発した、「俺たちからみれば、あれは海賊船だ」との言葉は重い。

後はもう、泡盛を呷《あお》るだけの漁師が続ける。「尖閣の海を失えば獲《と》れる魚は半分になる。俺たちの行き先は与那国など、沖縄の沿岸漁師がいる場所になる。そうなったら日本人同士で魚の奪い合いになる」

国際問題が国内問題に移し替えられる辛酸を、今、日本人漁師の多くが嘗《な》めている。

「過剰反応することの方が危険だ」

日本漁船を「堂々」と追尾する大正島（写真後方）領海内の中国海警船

通常、海上保安庁の巡視船は中国海警船と並航し、異常行動や領海侵犯に備えてはいるが、多くの場合、海警船が巡視船より一回り大きい。接近の際、日本漁船からの目視は海警が先になるため、漁業者の不安は小さくない。

船長は、海警との接触を回避しようと、暗いうちから遅くまでレーダー画面とにらめっこを続けており、夜間であっても疲れを癒《いや》す余裕はない。船員の生命と漁船という財産を守るためだ。

漁船が海警船の接近を認識したとしても、全速力で一〇ノットほどしかでない漁船も多く、速力に勝る海警の追尾をかわす術《すべ》がない実態もある。海警側もそれを承知で、じわりじわりと追いつめる。獲物を執拗に追跡し、疲弊した脱落者を捕獲するハイエナのようだ。

海保の巡視船が日本漁船と海警船の間に割って入るが、海警船が針路変更するまで危険なランデブーは続く。今のところは、追いつめ、排除しているという既成事実を積み上げているようだが、次のステージはあるのか、いつ移行するか、日本の漁師は知る由《よし》もない。

尖閣諸島と日本漁船を守ろうと、海上保安庁も高性能な六五〇〇トンクラスの大型巡視船を逐次投入するものの、海警は装甲の厚い退役海軍艦艇を転用したものや、機関砲を搭載した強武装船も保有している。

現場をよく知る海上保安庁の職員は、「海軍艦艇の転用船は旧式なので、ただちに脅威ではない」と話す。そしてこの点をもって、「日本側が過剰反応することの方が危険だ」と指摘した。中途半端な対応で、「中国側に先にステージを上げたのは日本側だとされ、まだ尖閣には未投入の、より強靭化された海警船を投入される方が怖い」と顔をしかめる。

法執行機関（警察組織）には軍隊ではなく法執行機関が対応するという、政治的工夫を軽視しはじめた中国に、漁業者は非対称性の恐ろしさを感じるようになっている。

「中国海警法」の衝撃

その肌感覚が誤りではなかったことが、二〇二〇年一一月の全国人民代表大会（全人代）にて示された「中国海警法草案」で明らかとなる。中国は、海警局の活動の根拠となる同法案で、「国連海洋法条約」の理念とは相いれない強硬な規定をいくつも鏤《ちりば》めた。

例えば、外国の艦艇や公船といった主権免除船舶への強制措置（実力行使）を可能とする文言を盛り込むとともに、領域主権が及ばないはずの領海外に「管轄海域」という独自概念をひねり出して、そこでの外国船舶の通航を制限・禁止することができるとした。

そのうえで、本来は中国の国内法が及ばないこの「中華人民共和国の管轄海域」（第三条）においても、外国船舶が停船命令等に従わない場合は武器の使用も可能としたのである（「中国海警法」第二一条・第二二条他）。

中国が領有権を主張する島嶼《とうしょ》に、一方的に「管轄海域」を設定した場合、そこで操業する日本漁船は、通航制限・禁止違反者として排除され、時に尋問や武器使用の対象となり得るのだ。操業しようと尖閣諸島領海内に向かった日本漁船を、海警船が「管轄海域」への侵入者と認定し、さらに追尾を受けた日本漁船が蛇行して海警をかわそうとした場合、蛇行を「危険」行為と認定してくる可能性もゼロではないということだ。

無意味なことであるが、日本漁船が苦し紛れに漁具やトロ箱（魚箱）を海警船の針路に放出して時間を稼ごうとした場合なども、「個人の違法な侵害」行為（第二二条）と解釈され、海警船がその行為を「排除」するために、「武器の使用を含むすべての措置を講じて」（第二二条）くることも想定しなければならない。

中国政府は、「今のところ」尖閣諸島にいる海上保安庁の巡視船や日本漁船に対しては、武器の使用や強制退去を「自制している」と表明〔二〇二一年三月一二日付「共同通信」〕。国際法ではなく、国内法の権限を前面に打ち出したこの主張は、尖閣諸島の日本漁船が、すでに射程圏内に入っていることを暗に示したものとなった。

2　東シナ海からあふれ出る中国の船

アメリカの「アジア回帰」

中国による日本への圧力は、警察組織（公船）の利用にとどまらない。人民解放軍が東シナ海でのプレゼンスを高めるため、現状変更を試みる動きを活発化させてきたのだ。

さかのぼれば、二〇一三年一月には、海上自衛隊艦艇に対する中国艦艇からの射撃管制用レーダーの照射事件が発生したし、二〇一三年一一月には尖閣諸島の領空に、中国国防部によって防空識別圏が設定された。

中国の「東シナ海防空識別区」の東端は、日本の防空識別圏を意識して九州から一三〇キロメートルしか離れておらず、東シナ海をすっぽり覆うように設定されている。そればかりか、通常あり得ない「防御的緊急措置」条項が設定され、中国当局へのフライトプランの事

中国の「東シナ海防空識別区」

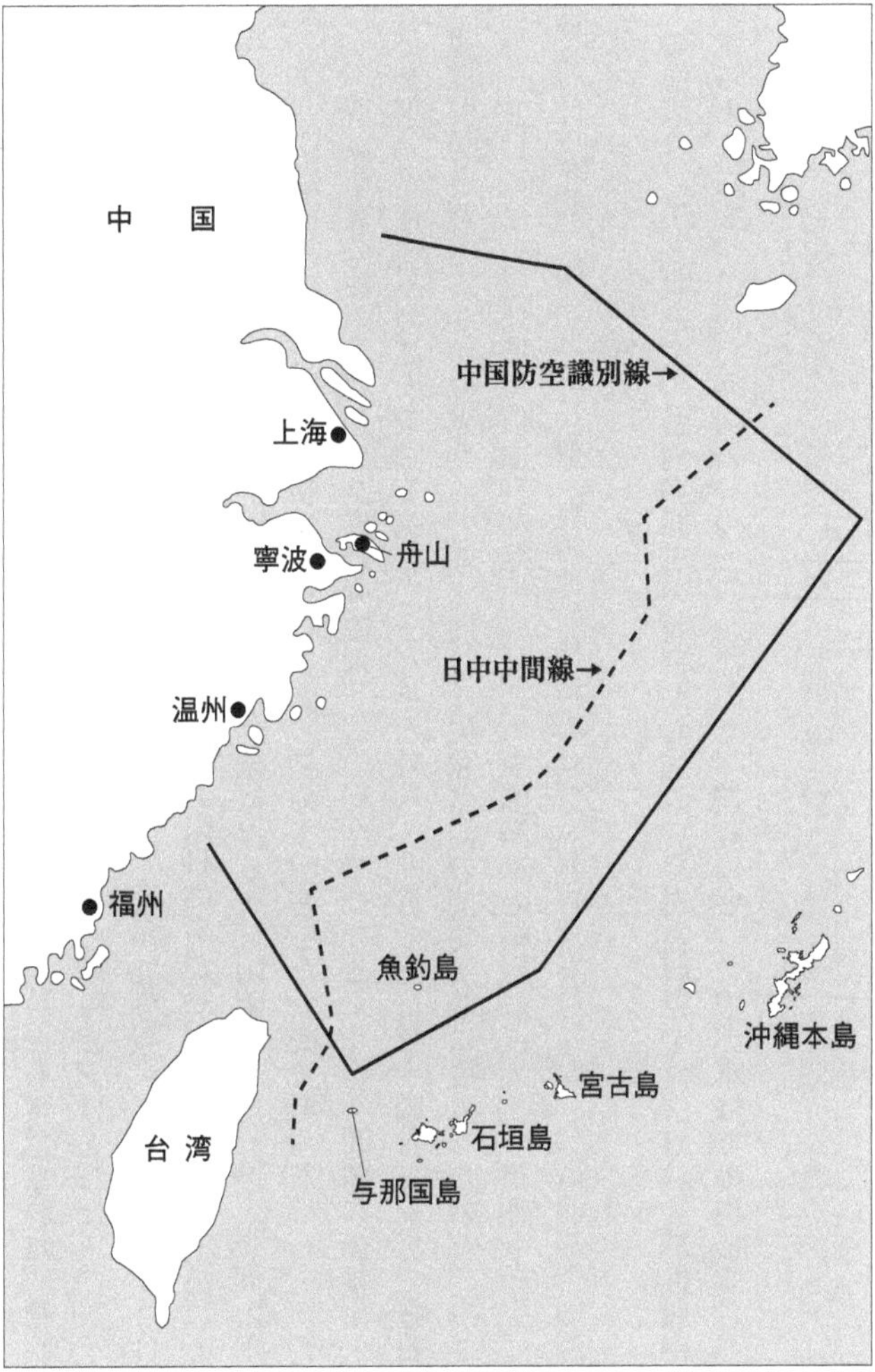

出所：中華人民共和国国防部（2013年11月）の図をもとに作成

前通知の義務化と、これに違反した航空機に対する武力行使が選択肢として示された。管制権を持ち出して、東シナ海全域を、まるで「領空」と再定義する試みと受けとれた。

積極的な動きを見せる中国に対して、アメリカがようやく重い腰を上げる。アメリカは「アジア回帰」を謳《うた》い、二〇一四年四月のオバマ大統領来日にあわせ、日本の施政権下にある「尖閣諸島を含めて日米安保条約第五条の適用対象になる」と明確にした。アメリカ大統領として、尖閣諸島を対日防衛義務の適用対象と、初めて明言した瞬間であった。

だが、既成事実の積み上げに突き進む中国は、この程度ではひるまない。問題の複雑化・高度化を狙い、枠組みの拡大を図る。二〇一六年六月八・九日の両日、中国とロシアの艦艇が、連携姿勢を誇示するかのように、ほぼ同時に尖閣諸島の接続水域に侵入したのだ。

六月一五日には、屋久《やく》島・口永良部《くちのえらぶ》島沖の領海に中国海軍の艦艇が侵入する事件も発生。「国連海洋法条約」第一九条にある無害通航権にもとづく航行とされたが、尖閣諸島での対立が拡大するなかでは説得力に乏しかった。

この海域は、尖閣諸島での台湾漁船との競合から逃れてきた宮崎県のマグロはえ縄漁船が操業するようになっていた漁場の一つであったので、彼らにとって中国軍は喉《のど》の奥に刺さったトゲのように感じられた。

中国漁船は〝尖兵〟となった

中国政府は、度々漁船を用いた主権誇示をおこなう。中国漁業が国家機関化しているためだ、と理解してよいだろう。

もちろん、東シナ海でも漁船は利用されている。最近では、二〇一六年八月の蝟集《いしゅう》事件が大規模なものとして知られている。申し合わせたように尖閣諸島海域に集合した漁船の数は、以前よりはるかに多く、最大で三〇〇隻に達したのだ。東シナ海では、蝟集直前に中国海軍による軍事演習もおこなわれていたことから、緊張感が否応《いやおう》なく高まった。

さらに蝟集が完了した八月五日、中国漁船とともにやってきた中国公船が尖閣諸島領海に侵入。不法行為はこの日を皮切りにエスカレートし、九日までに最大一五隻の中国公船が同時に接続水域に入域、領海侵犯も延べ二八隻に達した。

中国漁船も領海侵犯を繰り返す。八月五日から九日までに尖閣諸島領海に侵入し、退去警告を受けた船は延べ七三隻となった。二〇一五年の年間退去勧告隻数が七〇隻であったので、統制の取れた動きで集中的に侵入したことがわかる。

この時の蝟集は数の多さだけでなく、漁船を〝尖兵《せんぺい》〟とする中国政府の意思がわかりやすい形で表面化した点で、特徴的であった。

八月九日には魚釣島近傍で、伴走者である海警船が搭載する小型艇を中国漁船に横付けし、数人の職員が漁船に移乗する様子が二回確認された。これは、中国政府による海域「管轄権」の行使を誇示する行為とされた。

共産党の力が絶大な中国では、漁船への号令や移乗は、それほど驚くことではないのかもしれない。しかし、中国が一定数の漁船とその乗組員をコントロールする能力があることを、尖閣諸島ではっきり示したという意味では大きな出来事であった。

漁船を〝尖兵〟とした主権誇示は、南シナ海でのベトナムやフィリピン、インドネシアなどとの対立の場面でもみられる。中国政府の政策ツールとして一般化したのだ。

そして、こうした場面では、中国海軍が様子をうかがっており、二〇二一年三月、南シナ海のスプラトリー諸島に二〇〇隻以上の中国漁船が蝟集した際には、隠れようともしない中国艦艇の姿ははっきり確認されている。

尖閣海域に出没する不審船

三〇〇隻もの中国漁船と中国公船が尖閣諸島に押し寄せた蝟集事件に対して、日本政府は中国側への抗議を繰り返す。外務省の局長から在京中国公使などへの抗議は、八月五日から一〇日までに三〇回に達した。

九日には当時の岸田《きしだ》文雄《ふみお》外務大臣が程永華《ていえいか》大使を外務省に呼び、中国が「度重なる抗議にもかかわらず、多数の公船の派遣や度重なる領海侵入等、我が国の主権を侵害し、一方的に現場の緊張を高める行動をとっていることは、断じて受け入れられ」ないと抗議する。

そのうえで、「六月の一連の中国軍による東シナ海海空域での行動に続き、中国側は一方的に現状を変更しようとしている」として、「事態の収束には、中国側が一刻も早く公船を引き揚げさせ、誰の目にも明らかなように現場の状況を改善させるしかない」と主張した。

同時に、アメリカ政府による牽制《けんせい》もおこなわれる。八月九日には、アメリカ国務省トルドー報道部長が、「事態を注視」するとともに、「日本政府と連携し、中国の挑発行動に反対」すると述べた。そして、尖閣諸島が日本の施政下にあり、アメリカによる日本防衛を定めた安保条約第五条が適用されると改めて確認する。

この時の牽制発言は、スプラトリー諸島で中国が進める航空機格納庫建設に対して、「軍事拠点化しないという習近平《しゅうきんぺい》国家主席の発言・約束を中国は守るつもりがあるのか疑問である」との発言と同時になされており、南シナ海との連動性を意識したものとなっている。

しかし、日米の反発にもかかわらず、中国政府は〝尖兵〟となる漁船を利用した活動を止める気配はない。今日でも、尖閣諸島周辺の東シナ海では漁船を用いた諜報《ちょうほう》活動が続いている。こうした船は、中国版ＧＰＳの「北斗」と燃油の供与を受け、共産党の指示の下で行動しているとされ、「海上民兵」が乗っているのではないか、との懸念もある。

操業している様子のない「漁船」に遭遇する日本の漁師は、「よくわからない船に限って急接近してくる。そして何事もなかったかのように離れていく」と証言している。

中国にとっての漁業

現在、巨大な人口を抱え、世界第二位の経済大国にのし上がった中国にとって、漁業は重要な食料供給産業となっている。東シナ海の尖閣諸島周辺も、福建《ふっけん》省や浙江《せっこう》省の漁業者にとって利用価値は高い。

獲れるのは魚だけではない。一グラム一万円、美しい原木だと一グラム二〇万円にもなる、極めて高価な赤サンゴや桃色サンゴも産出する。そのため、今なお多数のサンゴ漁船が中国各地から尖閣諸島にやってきては、無数のサンゴ網を海底にたらしている。

ただ東シナ海は、これまでの過剰漁獲（乱獲）で資源状況が芳しくない。とくに大陸に近い海域ではその傾向が強まっている。

そこで中国政府は、夏の最も暑い時季を意味する「三伏《さんぷく》」に休漁期間を設定し、産卵期の魚族を保護する「伏季休漁」政策を推し進め、東シナ海漁業の存続を図ろうとしている。東シナ海で漁獲されるイカやサバなどは、日本などへの輸出が可能で、経営体からみた魅力も色あせていない。少しでも漁業を持続させたいとの思いを失っていないのだ。

尖閣海域に集まって操業する中国のサンゴ漁船

だが、思惑はこれだけではない。中国政府は漁村が疲弊することで、沿岸域経済のなかで漁業者が取り残され、時に尖兵となり得る彼らのハンドリングが難しくなることを懸念している。漁業の存続で、沿岸域の管理を円滑化するというゴールが重視されているのだ。

背景には、漁村にもおよぶ急速な経済成長、都市化がある。とくに、リーマン・ショック後の北京政府による四兆元にのぼる巨額の財政出動は、漁村にも不動産バブルの余波をもたらした。都鄙《とひ》間や域内での経済格差が広がるなか、共産党としても漁業者の暮らし向きへの目配りが必要となっている。

中国政府（地方政府を含む）が補助金を出して実施している、漁業分野を対象とした「転産・転業」政策や減船政策も、資源問題だけでなく、こうした意図を含む。

中国にとっての東シナ海

中国にとっては、尖閣諸島の領有権を主張するきっかけにした地下資源も、現段階での関心はそれほど高くない。代替が利く資源自体は「核心的利益」にならないのだ。

そうはいっても、東シナ海の日中中間線付近では二〇一八年九月時点で、中国によって一六基の巨大な掘削櫓《くっさくやぐら》が設置され、日本政府の抗議を無視した一方的な油ガス田開発が進められている。この油ガス田については今、地政学的なメリットが大きくなっている。

現在、この油ガス田施設を対象に、日本・アメリカの哨戒機《しょうかいき》が日々警戒活動をおこない、さらに台湾海軍・台湾海巡署も定期便（船）を送り出している。こうした現状は、油ガス田が中国の東シナ海支配を誇示する〝シンボル〟もしくは〝新領土〟として機能しており、各国がこうした既成事実の蓄積に警戒感や苛立《いらだ》ちを強めていることを表している。

長崎を拠点とするまき網漁船の漁撈長《ぎょろう》は、「ガス田あたりは最高の漁場。昔は潮流にだけ気を付けていれば大漁だった。でも今は怖くて絶対に近寄れない。魚をごっそり獲る虎網漁船がいるからだけじゃないよ。軍艦がいるんだ。七年くらい前からは、上からもなるべく近寄らないように、と言われるようになった」と語る。

実際に、白樺《しらかば》油ガス田付近にて中国海軍に追尾されたまき網漁船があったことで、日本遠洋旋網漁業協同組合は、組合員の船に注意喚起をおこなった。もうそこは、かの国の〝領土〟であり、要塞《ようさい》なのだ。

南シナ海での岩礁埋め立てによる〝領土創造〟が、東シナ海では掘削櫓の設置によるそれに置き換わっているとみなすことができる。こうなった以上、二〇〇八年に日中間で合意された、油ガス田共同開発に関する協定締結に向けた交渉が動くことはないだろう。

日中中間線での油ガス田問題は、日中・米中・台中の東アジアにおけるせめぎ合いの一環に位置付けられる問題となったのだ。拡大的に解釈するならば、経済権益ではなく、東シナ海の支配権争いという領域主権の問題となっているといえよう。

中国にとっての尖閣諸島

海域の支配権争いでいえば、尖閣諸島は極めて重要であることが海図からわかる。

中国海軍が「第一列島線」の南西諸島部分を越え、東シナ海から西太平洋へアクセスしようとすれば、沖縄本島より北側は米軍や自衛隊による警備体制が厚く容易ではない。台湾島に近い海域からでは、台湾海峡を挟んでにらみ合う中華民国軍の存在が無視できない。地対空・地対艦ミサイルなどで侵攻に備える台湾の防衛力は侮れない。

消去法的に残る海域が、力の空白が生まれやすい沖縄本島と宮古島の間の「宮古海峡」(日本の排他的経済水域)となり、さらにその海峡の海底回廊を形成するケラマギャップとなる。チョーク・ポイント(海洋での要衝)だ。

近年、陸上自衛隊が中距離地対空ミサイルを配備するなど、南西諸島防衛に本腰を入れるようになっているが、それでも自衛隊が有事の際に利用可能な空港や港湾は限られることから、相対的に脆弱《ぜいじゃく》な空間となっている。

大陸側からみると、宮古海峡・ケラマギャップへの進入路上に尖閣諸島がある。入口を掌握できれば、中国は艦艇や航空機による西太平洋へのアクセスが格段に容易となるのだ。

事実、中国の航空母艦がこの海域を遊弋《ゆうよく》することは珍しくなくなっている。コロナ問題がすでに喧《かまびす》しくなっていた二〇二〇年四月には、この海峡で五回目となる空母艦隊の航行が確認された。そして六回目は一年後の二〇二一年四月であり、空母「遼寧《りょうねい》」や中国最大のミサイル駆逐艦など六隻からなる艦隊が、東シナ海から太平洋に抜け、沖ノ鳥《おきのとり》島の西方公海で艦載機の離着艦訓練を実施した。

西太平洋へのアクセス権の確立だけではない。尖閣諸島を制圧しておけば、台湾有事の際に橋頭堡《きょうとうほ》になり得る。台湾有事で中国側主力部隊になるとされている東海艦隊が、東シナ海を安全に航行できるかは、尖閣諸島海域の制海権に左右されるといわれている。

二〇二〇年一二月二〇日には、最新鋭空母「山東《さんとう》」を軸に編成された艦隊が大連を出港して尖閣諸島の北西を通過した。そして台湾海峡に入り、東シナ海から南シナ海へと抜けて母港のある海南島《かいなんとう》に到着したことが確認されている。中国側の〝準備運動〟は続く。

潜水艦がうごめく

中国が尖閣諸島を支配下におけば、現代戦にとって重要性が増している潜水艦の行動にもメリットがある。水深二〇〇メートルほどの浅く平坦《へいたん》な大陸棚が広がる東シナ海は、魚族の住処《すみか》としては申し分ないものの、潜水艦にとっては警戒活動も盛んで、居心地のいい海域とはいえない。海上自衛隊の対潜水艦作戦能力は折り紙つきで、那覇や鹿屋《かのや》の航空基地に配備された哨戒機《しょうかいき》P－1やP－3Cによる監視が二四時間体制で続いている。

しかし、尖閣諸島の南東には水深の深い八重山《やえやま》海底地溝があり、この地溝を経由してケラマギャップを抜け、南西諸島海溝へと向かうルートの安全が確保できれば、潜水艦は自らの存在・行動を隠匿できるチャンスが広がる。中国軍が外洋海軍としての能力を確立するためにも、この海域は海上も海中も大切なのだ。

こうした潜水艦の活動は、東シナ海の漁業にも深刻な影響をおよぼしている。近年、東シナ海では中国だけでなくロシアなどの潜水艦の活動も活発化しており、それを探知しようとするアメリカ海軍や海上自衛隊の音響測定艦が警備体制を強化しているためである。

この結果、五〇～一〇〇キロメートルの縄をのばして操業する日本の近海マグロはえ縄漁船は、度重なる漁具被害に頭を悩ませるようになった。

音響測定艦は、潜水艦監視用アレイ・ソナーを曳航《えいこう》しており、はえ縄がこのソナーと絡まり、切断される事故が多発しているのだ。はえ縄漁具はすべてを失えば優に一〇〇〇万円以上の損失となる。日本漁船は〝地雷〟を恐れながらの操業を強いられている。

もちろん中国の音響測定艦も、東シナ海で中国海軍の動きを探っている日米の潜水艦を探知しようと、尖閣諸島周辺に展開している。日本漁船にとっては、国籍に関係なく、彼らはあまりに迷惑な〝客人〟なのだ。

宮崎県漁業協同組合連合会では、はえ縄切断被害について二〇一三年は五件あり、その後も毎年数件の被害が続いているとする。沖縄県漁業協同組合連合会でも、二〇一四年に少なくとも九件の事故があったとした。その後も久米《くめ》島の西側などで、毎年二～四件の事故が報告されており、米中対立の度合いと連動するかのように被害が発生している。

はえ縄漁船だけが迷惑を被っているのではない。先ほどのまき網漁船の漁撈長は、「信じてもらえないだろうが、潜水艦を魚群と間違えて巻いたことがある。それほど身近だ」と言う。魚が減り、潜水艦が増える海。それが今の東シナ海だ。

中国は東シナ海を足場に「第二列島線」を目指す

東シナ海でのにらみ合いが続くなか、中国は尖閣諸島の北西三〇〇キロメートルに位置す

尖閣諸島海域を航行する中国海軍の音響測定艦。そばには中国海警もいた

る浙江省南麂《なんき》列島で軍事施設の整備を進める。浙江省寧波《ニンポー》市には、中国海軍の虎の子、東海艦隊もひかえており、否が応でも尖閣諸島情勢・台湾情勢への影響が注目される。

直近では、福建省寧徳《ねいとく》市に、新鋭機が配備された巨大な空軍基地が新設された。尖閣諸島からの距離はわずか三六〇キロメートル。戦闘機で一〇分たらずだ。東シナ海や台湾海峡への影響力を確保するために、尽力している様子がうかがえる。

大陸国家から海洋国家へと脱皮し、西漸を続けてきたアメリカの太平洋覇権に挑戦するため、〝千丈の堤も蟻の一穴より崩れる〟との格言を信じての行動だろう。

一党独裁の中国は長期戦略の実行を得意としており、さらなる未来を見据えている。東シナ海を手中に収めた後だ。視線はアメリカが要塞化を進めるグアムに向けられている。「第一列島線」と「第二列島線」の中間には、沖ノ鳥島（東京都小笠原《おがさわら》村）がある。その先がグアムだ。グアムのアンダーセン空軍基地は、西太平洋地域で唯一、戦略爆撃機が配備可能な要衝であり、中国だけでなく北朝鮮にもにらみを利かせている。

中国はしきりに沖ノ鳥島は島ではないと介入を続けており、日本が設定したＥＥＺの無効を主張している。得意のサラミ・スライス戦略（気づきにくい小さなステップで既成事実を蓄積して利益や権益を獲得する外交手法）だろう。

日本政府の抗議を無視する形で、そこが「公海」であるとして自らの海洋調査船（例えば厦門《アモイ》大学附属の「嘉庚号《かこうごう》」など）を差し向け、潜水艦の航行に不可欠な海底の地形や海流、水温、塩分濃度等の情報を収集している。海底資源への下心もなくはないだろうが、中国の真の狙いは、ちっぽけな沖ノ鳥島の領土そのものというより、その先、すなわち「第二列島線」上にあるグアムに向けられているとみてよい。

しかしこのように、中国が鄧小平の示した「韜光養晦《とうこうようかい》」戦略（国力が充実するまでは爪を隠して機会をうかがうという外交戦略）を捨て海洋進出を開始し、太平洋の覇権に関心を持つようになっても、アメリカの反応は限定的であった。

ペンタゴンは早くから中国軍への警戒感を隠してはいなかったが、肝心のホワイトハウスの動きが鈍かったのである。中国市場は魅力的であったし、経済発展が中国共産党の一党独裁に亀裂《きれつ》をもたらすとの期待も捨てきれずにいたのだろう。

その間、東シナ海の、そして南シナ海の軍事化レベルは急角度で上がっていった。

3　連動する東シナ海と南シナ海

進む南シナ海支配

アメリカが沈黙するなか、力の空白を埋めるべく、中国はスプラトリー諸島に進出し、軍事拠点化を進める。もともとは一九八〇年代に進出が始まったとの指摘もあるが、アメリカがフィリピンのクラーク空軍基地とスービック海軍基地からの撤退を完了させた一九九二年以降は、より大胆になる。一九九五年にはミスチーフ礁を、二〇一二年にはスプラトリー諸島の北方にあるスカボロー礁を占拠・支配した。

一九七三年の「パリ協定」によってアメリカ軍がインドシナ半島から撤退するなか、機を見計らって南ベトナムが支配していたパラセル諸島を奪取（一九七四年）した成功体験が上書きされたかのようであった。

中国は、二〇一三年にはウッディー島に大型機の離着陸に耐えられる滑走路を建設。中国による岩礁の埋め立てと、軍事基地への改造が広く国際社会の知るところとなるのは、この滑走路建設以降であった。

すぐ目の前で中国による埋め立て行為を見せつけられても、フィリピンには中国に対抗する力も後ろ盾もなく、オランダ・ハーグの常設仲裁裁判所に埋め立ての違法性を訴えるほか選択肢はなかった。提訴は中国によって、力の空白がすでに埋められた後となった。

それでもアメリカの煮え切らない態度は続く。二〇一三年六月の米中首脳会談でも、中米による太平洋二分割論を唱える習近平国家主席が、「新型大国関係」の構築に言及したにもかかわらず、同年に再選を果たして二期目に入っていたオバマ大統領は、やはり強い姿勢で拒絶することはしなかった。

アメリカの曖昧《あいまい》な態度は中国を喜ばせる。習近平政権は、二〇一二年一一月の誕生直後から「海洋強国」建設をスローガンに掲げ、国家海洋委員会を設置するなどして体制整備に努めていただけに、アメリカから得た時間的猶予は海洋進出を進める好機となった。

とくに、二〇一四年以降の展開は、アメリカの関心が低いとの判断のもと、相当の速度だった。埋め立てられたジョンソン南礁やヒューズ礁、ガベン礁にはヘリパッドや砲台が、ファイアリークロス礁やスビ礁、ミスチーフ礁には三〇〇〇メートル級の滑走路や砲台、レーダーなどの通信施設がごく短期間に建設・設置される。

二〇一四年から二〇一五年までのわずかな期間に埋め立てられた面積は、少なく見積もって約一二・九平方キロメートルに達したようである〔防衛省「南シナ海情勢（中国による地形埋立・関係国の動向）」令和三年九月〕。

国際政治のリアルと言ってしまえばおしまいであるが、〝食うか食われるか〟のゼロサム・ゲームが繰り広げられているのである。今のところ、そこに国際協調という高尚な理念が入り込む余地はないようにみえる。

中国の赤い舌

南シナ海権益の主張でも、中国は東シナ海と同様に、「等距離・中間線原則」ではなく「大陸棚延長論」を主張することで、〝中国の赤い舌〟と呼ばれる南シナ海全域にわたる「九段線」を正当化し続けている。他国の領海やＥＥＺをすべて飲みほす勢いなのだ。

しかし、二〇一六年七月一二日にでたハーグの判決は、中国の主張を全面的に退ける内容であった。仲裁裁判所は、「九段線」に関して主権、管轄権、歴史的権利のいずれも法的根拠はないと完全に否定する。そればかりか、スプラトリー諸島で中国が実効支配する場所は「島」と認めず、ＥＥＺの設定はできないとまで言い渡した。

判決に対して習近平国家主席は、「南シナ海の島々は古来、中国の領土である。したがって領土・主権・海洋権益のいずれも、どのような状況となっても中国に属し、仲裁裁判所の判断に影響を受けることはない」と発言し、国際判決の無視を宣言した。その後も、裁定は「紙くず」であるとする識者のコメントを国内外に流布して、反発を強めている。

そして、東シナ海の尖閣諸島では、判決後すぐとなる二〇一六年八月五日、既述したように中国公船・漁船の大量侵入事件が発生。威嚇行動は、南シナ海での領有権が国際法で認められないとなると、「領海及び隣接区域法」で定めた「台湾及び釣魚島を含むその附属諸島、澎湖《ぼうこ》諸島、東沙《とうさ》群島、西沙《せいさ》群島、中沙《ちゅうさ》群島、南沙《なんさ》群島」といった「領土」の根拠が揺らぐと、中国共産党が懸念したためともいわれている。

アメリカもここにきてようやく、中国の海洋進出への警戒感を前面に打ち出すようになる。ハーグの判決が出される前年、二〇一五年九月に習近平国家主席がアメリカを公式訪問した際の南シナ海に関する交渉は決裂し、同年一〇月二七日以降、米軍による南シナ海での「航行の自由作戦」が発動されるようになったのだ。

アメリカの動きに、日本も「自由で開かれたインド太平洋」構想で応じ、イギリスやフランス、オーストラリア、インドなどとも協調して南シナ海での「航行の自由」を主張するようになっている。

「強固な日米同盟」、「積極的平和主義」のスローガンのもと、自衛隊が潜水艦やヘリ空母を南シナ海に派遣して、アメリカ海軍とともに対潜戦訓練や戦術運動の確認等を進めるようになっているのは、こうした背景がある。

米中対立に巻き込まれる漁業者

南シナ海での軋轢《あつれき》が増すことで、漁業者もまた大きな影響を受ける。例えば、一九七四年以降その全域を中国が支配しているパラセル諸島では、中国公船が警戒監視活動を強化し、ベトナムなどの漁船を厳しく取り締まるようになった。時には、沈没につながる衝突事故にまで発展している。

パラセル諸島の領有権を主張するベトナム政府は、中国との経済関係を優先して表立った批判はしていないが、ベトナム漁業者の不満は蓄積している。

フィリピンは、一九七〇年頃から実行支配しているスプラトリー諸島のパグアサ島周辺で、中国漁船の動きに神経をとがらしている。インドネシアも世界第二位の漁業国であり、海軍力の増強による海洋権益の確保に取り組んでいることから、中国への警戒心を持つ。

南シナ海の混乱は東シナ海に影響を及ぼす。それは、ベトナムやフィリピンでの漁業発展にともなって、スプラトリー諸島やパラセル諸島での漁業権益に対する現地の意識が高まり、南シナ海で一大漁業勢力を築いている台湾漁船への風当たりが強くなっていることに起因する。居心地の悪くなった台湾漁業者が東シナ海を目指すのだ。

とくに、フィリピンと台湾は鋭く対立している。ルソン島近辺では、二〇〇五年頃からフィリピン政府による台湾漁船の取締りが激しさを増し、幾度も死傷事件に発展していた。二〇一三年五月には、バリンタン海峡付近で越境操業していた台湾のマグロ漁船（広大興二八号）がフィリピン漁業水産資源局の監視船に銃撃され、乗組員一人が死亡する事件が発生。台湾側が海空軍まで動員して威圧したことで対立は決定的となった。

日本としては、南西諸島・台湾・フィリピンを結んだラインで中国の膨張を押し留《とど》めたい意向だが、台比の感情的なしこりが大きいなかでは画餅《がべい》となっている。台湾は、悪化した国民感情に呼応して、フィリピンを仮想敵国とした軍事演習までおこなっており、漁業が「砲艦外交」の引き金を引くなか、事態の収拾と海域の安定は見通せなくなっている。

バシー海峡を挟んだ台比対立が激化したことで、台湾南部東港区漁会の漁船などは南シナ海漁場を敬遠するようになり、その穴を埋めようと尖閣諸島海域へも展開する。

漁場の玉突き現象であり、軍事面でみられる南シナ海と東シナ海の連動性が漁業でも再現される結果となっているのだ。

華僑・華人の漁業は南洋で拡大している

インドネシアやフィリピンなど、中国の海洋進出に対決姿勢をみせる国であっても、漁業・水産加工分野では複雑な国内事情を抱えている。東南アジアにおける華僑《かきょう》・華人資本の漁業・水産加工業への進出は、日本人が想像するよりも、はるかに深く根を張り浸透しているからだ。

マグロ漁業やカツオ漁業において、日本や台湾などの漁業先進国が資源管理や漁場利用の制約から力を削《そ》がれるなか、新興国では現地資本がその間隙《かんげき》を縫うかのように少しずつ力を伸ばしてきている。例えばインドネシアでは、カツオを原料とする缶詰業が伸長していることで、そこに原料を供給する漁業もまた注目を集めている。

ただし、漁船・漁具という巨額の先行投資を必要とする漁業は参入障壁が高い。東南アジアでこの高いハードルを越えられるのは限られた者たちとなる。

代表格が華僑・華人である。華僑・華人は東南アジア各国を結ぶ独自のネットワークを有しており、資本を融通しあえることや、役人など許認可権を持つ者とのコネクションを活かすことができており、事業を優位に進めている。「国境」をものともしない華僑・華人は、業容を拡大するための投資活動を鋭意おこなっているのだ。

インドネシア北スラウェシ州の港町ビトゥンにある、二〇〇三年創業の華人が経営する漁業会社もそうした一つだ。同社の母体は、インドネシア各地で同様の漁業会社や養殖会社、缶詰会社、パーム油農園など複数の会社を同族経営している。

ビトゥンの漁業会社は、カツオまき網船三隻から事業を開始してわずか一〇年で、カツオ一本釣り船七隻、まき網船九三隻、運搬船二〇隻を保有する一大漁業会社に成長した。

操業海域はインドネシアのEEZであり、漁撈船が常に沖合で操業して、運搬船が二〇〇〜三〇〇マイル往復してカツオをビトゥンに水揚げしている。

漁獲されたカツオは、冷凍したり、近郊の加工場でかつお節にした後、日本に輸出されている。そして、日本国内で削り節や顆粒《かりゅう》に加工され、大手出汁《だし》メーカーなどを経由して量販店にならぶ。日本の食文化の一端を、華僑・華人が担う時代になったのだ。

マグロやカツオなど、南シナ海を含む世界の水産物が日本国内で流通するようになっている現在の状況は、一見すると国家間の角逐と漁業とは無関係であるかのように思わせる。

しかし、こうした状況に食料供給を依存することは、不安定な基礎の上にレンガづくりの家を建てるようなものなのかもしれない。〝地震〟がやってこないことを祈りたい。

「中国の海」化

今後ますます、南洋の漁場国や中西部太平洋まぐろ類委員会（ＷＣＰＦＣ）による資源管理体制が強化されると、こうした華僑・華人が核となった地場資本にとっては、外国勢力から権益を「取り戻す」機会が得やすくなり、飛躍の可能性もでてくる。

インドネシアだけでなく、フィリピンをはじめとした東南アジア各国では、水産業に華僑・華人勢力が参入していることが知られている。いつの日か南洋漁業は、中国や台湾などからの出資を受けた現地資本か、かかる地元に根付いた華僑・華人勢力によって維持されることになるのかもしれない。その芽はいたるところにでている。

覇権争いという観点からは、南洋が「アメリカの海」から「中国の海」となっていくことを意味する。その時アメリカは、日本は、ヨーロッパ諸国は、いかなる態度をとるのであろうか。「中国の海」化を、あくまで広義の解釈であると一笑に付すのであろうか。

中国はキリバス共和国などへの積極的な陸上投資をおこない、バーターで漁業権益の確保を進めている。ミクロネシア連邦のコスラエ州では、冷凍カツオ・マグロを日本やタイに輸出するための港湾施設を建設し、その見返りとして入漁料の減免を受けている。もちろん、港湾につづく橋や中国との窓口となる空港整備にも資金を投じた。

中国がミクロネシア連邦に積極進出するのには理由がある。二〇一八年段階で、キリバス、マーシャル諸島、ナウル、パラオ、ソロモン諸島、ツバルの南洋六ヵ国が台湾を国家承認しているのに対して、ミクロネシア連邦は中国を国家承認する数少ない南洋島嶼国となっていたからだ。中国にとってミクロネシア連邦は、台湾承認国の切り崩しを図る足掛かりになるため、実利につながる漁業外交に極めて大きな期待を寄せているのである。

この中国の投資攻勢は「成功事例」を生み出しており、二〇一九年九月には、キリバスとソロモン諸島の両国が相次いで台湾との国交関係を途絶し、中国に乗り換えを済ませた。中国は南太平洋を片方の終着点とする「一帯一路」構想実現のため、現在でも太平洋諸国への貸し付けをかなりのスピードで増やしている。

オーストラリアは二〇一九年にこれに対抗しようと、自らも太平洋諸国への低利融資を含むインフラ整備への資金供与を二〇億ドル規模で開始する対中戦略を発表した。港湾や電力、上下水道整備などは漁業への影響も大きい。南洋漁業の未来に興味は尽きない。

中国を抑え込みたい先進国

近年、太平洋とその属海に対して伝統的に利害関係を有する国々は、新興勢力として〝失地回復〟を主張する中国への対応に追われている。二〇一六年四月の広島G７外相会談では、「海洋安全保障に関する声明」がだされた。

「東シナ海及び南シナ海における状況を懸念する」とともに、「現状を変更し緊張を高め得るあらゆる威嚇的、威圧的又は挑発的な一方的行動に対し、強い反対を表明」したのだ。そして「すべての国に対し、大規模なものを含む埋立て、拠点構築及びその軍事目的での利用といった行動を自制し、航行及び上空飛行の自由の原則を含む国際法に従って行動するよう要求する」と発表した。

名指しは避けたが、東シナ海と南シナ海ですでに十分な海洋進出を果たしている中国に向けたG7による声明・宣言であることは明白だ。今後の中国の西太平洋への進出に予防線を張るもので、米中の覇権争いがしばらく続くことを予感させる内容にもなっている。

対応を迫られる中国外交部は「強い不満と断固たる反対」を表明。現在では、東シナ海での存在感を顕示するため、アメリカが後ろ盾となっている台湾蔡英文《さいえいぶん》政権に対し、強力な火力を有した艦艇や爆撃機を台湾島周回コースに派遣して軍事的圧力をかけるようになった。

二〇一九年に入ってからは、実質的な停戦ラインとなっている台湾海峡中間線（デービス・ライン）を越えて戦闘機を飛行させ、強硬姿勢を強めている。宮古海峡・ケラマギャップも、すでに中国軍の台湾島周回コースの一部となっている。

局所的であれ、南シナ海や東シナ海での武力衝突や第四次台湾海峡危機が発生すれば、シーレーンで混乱が生じ、経済の面でも安全保障の面でも日本への影響は甚大となろう。

漁業は国際情勢を映しだす鏡である

危機が顕在化すれば、海を舞台に生産活動を展開する漁業にも、利用できなくなる漁場が生まれるなどの深刻なダメージがおよぶ。漁場の玉突き現象が発生し、連鎖的に日本漁船が利用できる漁場の狭隘化《きょうあいか》が進むことも「想定内」だ。

現状でも困難になっている尖閣諸島海域での操業が、全面「禁止」となる可能性も高い。蓋然性《がいぜん》の高い問題に焦点を絞れば、「日中漁業協定」の取り扱いが政治課題になってくるはずだ。危機は、協定破棄の可能性も含めた「日中漁業協定」の機能不全を誘発する。日中間で相互が認めるEEZがほとんどないスキをついて、中国漁船が大挙して南西諸島に接近することも起こるだろう。米中の覇権争いの結末を、日本国民は漁業のリアルから実感することになるのだ。漁業は国際情勢を映しだす鏡である。

いま雌伏の時を経て〝目覚めた獅子《しし》〟は、アメリカとの攻防下にあって、さらなる軍の近代化を急いでいる。二〇二一年三月に開催された全国人民代表大会（全人代）では、二〇二一年の国防予算（中央政府分のみ）を二〇〇〇年時点の一一・二倍となる一兆三五五三億元とすることが発表された。

日本円では二二兆円規模となり、日本の二〇二一年度防衛費予算案五兆三四〇〇億円と比べると、優に四倍を超える水準となっている。しかも中国の国防費は、研究予算や外国製の武器購入費が含まれていないとされ、実際の予算規模はさらに膨れ上がるという。

中国政府は、この巨費を投じ、「世界一流海軍建設」（習近平国家主席・中央軍事委員会主席）を目指し、空母機動部隊や原子力潜水艦といった外洋海軍力の増強の他、日本を含めた近隣諸国の脅威となる中距離弾道ミサイルや極超音速ミサイル戦力などを整備する方針とみられる。

二〇二一年三月には、中央軍事委員会が四隻目の空母について、通常動力ではなく原子力空母として建造する案を検討しているとの報道もあった〔南華早報電子版〕。

トランプ政権は退陣が目前に迫った二〇二一年一月、「インド太平洋における戦略的枠組みに関する覚書」を公開し、台湾や日本と連携し、アメリカの東シナ海・南シナ海権益を死守する方針を示した。中国の台頭を阻止し、「第一列島線」内に閉じ込めるとしたのだ。

バイデン政権への移行を控え、対中強硬姿勢のレールを敷設しようとしたアメリカの姿は、民主主義国家では不可避な政権交代が対中戦略の泣き所であることを暗に示していた。

経済力・軍事力に裏打ちされた影響力をアメリカの西太平洋覇権に対抗して行使する「強い中国」（しかも「選挙」がなく政策の持続性がある国）と、その存在にアメリカの顔色をうかがいながら困惑する国々。それらが現実に存在する以上、今後、私たちは、東シナ海・南シナ海での緊張がかなりの期間継続し、そこを生業《なりわい》の場とする無数の漁業者の生活が脅かされ続けていくだろう事実に向き合う必要がある。

そして、軍事面以外の産業政策などにも波及するようになった対立が、漁業と漁業者に及ぼす負の影響に思いを巡らし、食という身近な暮らしの一部から、ダイナミックに変容する国際関係をとらえ、わが事として消化することが求められるだろう。

終　章　日本漁業国有化論

漁業は「第三の海軍」

　これまで本書が明らかにしてきたように、漁業は領域主権がおよぶ場や、それに準ずる空間を用いて生産活動を展開する産業であった。そのため、「第三の海軍」として機能する宿命を背負っていた。時に尖兵《せんぺい》となり、漁船が係争地に赴くせつない姿は、尖閣《せんかく》諸島という「鼎立《ていりつ》地帯」を抱えた東シナ海では、決して珍しい光景ではない。

　中国共産党の支配下にある中国漁船は言うにおよばず、馬英九《ばえいきゅう》政権下の台湾漁船も似たような行動をみせていた。経営が苦しい日本漁船も、外国漁船操業等調査・監視事業を頼りにする以上、率先躬行《きゅうこう》するしかないケースもある。

漁業には、領域主権という鎖環から逃れる術《すべ》として、公海漁業を発展させるという道もある。現に中国は、公海専従漁船団を組織した。一方で、現代においては、多くの海面が何らかの国際的枠組み（漁業管理機関）によって区分けされている。

漁業はそこでも、経済力・軍事力などに根拠づけられた強国の思惑に揺さぶられる。時には、「良識ある上品な国」が「科学的な資源評価」によって身動きを封じられることもある。マグロ類やサンマなどの経済的価値の高い魚で顕著だが、漁獲枠の配分、そして削減を巡る話し合いの場は、漁獲実績や発言力が重視される、政治決戦の場となっているからだ。

国際捕鯨委員会（ＩＷＣ）は一般的な漁業管理機関とは言い難いが、二〇一九年にそこから脱退する道を選んだ日本の姿は、国際的に挟み込まれたくびきは、相応のリスクを冒すことなしには外すことができないことを示していた。

漁業にとっては、領海はもちろんのこと、資源量が豊富な大陸棚が主要な漁場とならざるを得ないことも、簡単に足枷《あしかせ》を外すことができない理由となっている。「国連海洋法条約」時代にあって大陸棚は、ＥＥＺとしていずれもの国が国家的作用をおよぼそうと奮闘する水域となっているからだ。

全面が大陸棚ともいえる東シナ海が、漁業を「第三の海軍」として機能させる典型地となっていることは、歴史の必然であろう。

国家と漁業

現代の中国は、海をめぐる縄張り争いに漁業を積極利用する。独自の禁漁期間を設けたうえ、漁業取締りを名目に「武装警察」隷下の海警船を派遣する。むろん、これに先立ち、斥候として漁船を送り出して、ジワリジワリと現状変更の試みを繰り返す。

ここ一〇年ほどで中国漁船には、中国独自の衛星通信測位システム「北斗」が搭載され、中央政府の意思を末端にまで行き渡らせることが可能になっている。漁船のコントロールは、とてもシステマティックな作業になっているのだ。

ナビゲーションシステムは、アメリカのＧＰＳへの対抗として整備され、漁業分野では、以前からの補助金や燃油供与と紐《ひも》づけられて、漁船の管理・監視システムとして機能している。中国漁船は対価を得るとはいえ、深海や深空（宇宙）にまで影響力を及ぼそうとする、中国共産党政府の手足となることを「宿命」づけられているのだ。

問題視されている「中国海警法」にも、中国政府が自国漁業界にグリップを利かすための条文が挿入されている。第一二条（七）では、海警局は沖合・遠洋の「特定漁業資源漁場での生産活動、海洋生物の保護等に関して、監督・検査し、違法な行為を取締り、法にもとづいて海上漁撈活動の安全、事故および漁撈活動にかかわる紛争の調査・処理に関与する」

（仮訳）とある。「第二の海軍」が「第三の海軍」に積極関与する姿勢を明確にしている。

そもそも、沖合・遠洋漁業は海に散らばっている無主物（魚）を、資源アクセス権という権益によって先占、我先にと財貨に転換する産業としての性格がある。そして、その漁業権益の確保力・保持力は、「国力」が源泉となりやすい。南洋諸国やアフリカ諸国に根を張るようになった中国漁業の姿を見れば、よく理解できる。

こうした現実から、漁業は国家を後ろ盾とする必要があり、国家もまた漁業と二人三脚で海外権益を確保しようとしてきた。

たしかに、現在の日本漁業が苦しんでいるように、国家の発展過程に応じて漁業権益は切り売りされたり、守るべきものとしての優先順位を下げられることもある。東シナ海を主対象とした二つ目の漁業「条約」である「日台民間漁業取決め」の締結過程は、それを如実に物語っていた。

かといって、いつの時代も漁業は、食料の安定供給や、経済活動の存在を顕示することによる領域保全などの使命を与えられるので、閑却し得ない存在であり続ける。日本の他、東シナ海を取り囲んで牽制《けんせい》し合う中国、韓国、台湾でもそれは同じだ。

遠く離れたイギリスのＥＵからの離脱交渉（ブレグジット）で、漁業問題が最後の最後までこじれたことからも、世界中で「国家と漁業」、そして「主権と漁業」とが極めて密接な関係にあることがわかる。

そうであるがゆえに漁業は、これからも正規の海軍、そして海上警察組織に次ぐ、「第三の海軍」であり続けていくだろう。ドイツを武力統一したビスマルクは、「鉄は国家なり」と言ったというが、「漁業もまた国家なり」なのだ。

尖閣諸島での〝唯一の経済活動〟

こうした漁業の性格を確認したうえで、本書で再三にわたり触れた、鹿児島・熊本・沖縄の漁船が尖閣諸島領海内で操業することの意味を今一度確認しよう。彼らの操業は、日本人に食料を供給する営みとして重要なだけでなく、国土を維持していくうえでも欠くことができない活動に位置付けられているからである。

彼らの操業が、自覚の有る無しにかかわらず、尖閣諸島でおこなわれている日本の〝唯一の経済活動〟であることの意味は小さくない。領土や領海、ＥＥＺに対する主権を主張する有効な、そして重要な手段が、経済活動であるとの考えが存在しているからだ。

北方領土を占拠しているロシアが近年、水産加工場の建設など島の開発を急ピッチで進め、実効支配の既成事実化を進めていることをみればよくわかる。メドベージェフが大統領であった二〇一〇年には、ロシア元首として初めて国後島《くなしりとう》を訪れ、開発状況を視察した。

経済活動の継続は、「国連海洋法条約」で認められた、領海基線から二〇〇カイリのEEZを設定し、そこでの「主権的権利」や「管轄権」を主張し続ける際にも、やはり大切な要素になっているとされる。

「国連海洋法条約」は「岩」を、「人間の居住または独自の経済的生活を維持することのできない」（第一二一条）ものとし、「岩」に対しては、独自のEEZや大陸棚を認めないとする。あくまで逆説的に言えばだが、領土・領海・EEZが認められる「島」は、人間の居住または独自の経済的生活が維持できるものと解釈しうる。

東シナ海から話はそれるが、この規定の重要性は、東京都の沖ノ鳥島《おきのとり》の事例で説明できる。沖ノ鳥島は、都心から一七〇〇キロメートルも離れた東西に四・五キロメートル、南北に一・七キロメートル、周囲一一キロメートルの卓礁で、日本最南端の「島」である。

満潮時には、北小島《きたこじま》、東小島《ひがしこじま》の二つの島が海面上に残るだけになってしまうものの、この「島」があるおかげで、日本の国土面積約三八万平方キロメートルを上回る、およそ四〇万平方キロメートルのEEZを得ることができている。「島」であることが、いかに重要かがよくわかる。

しかし、この沖ノ鳥島をめぐって、二〇〇四年頃から中国と台湾が異論を唱え、中国は海洋調査船や艦艇を、台湾も「沖之鳥礁護漁任務」として漁船や漁業調査船をエスコートする形で艦艇や巡視船を派遣する。沖ノ鳥島は、「島ではなく岩であり、日本の排他的経済水域は無効」というのが両者の主張となっている。

日本政府は、領土保全のため、国費を投じてチタン製ワイヤーメッシュで島を覆い、周囲を波消しブロックとコンクリートで固めるなどの大規模な工事をおこなった。「国連海洋法条約」で、島とは「水に囲まれ、高潮時においても水面上にあるもの」（第一二一条）とされているためである。

さらに二〇一〇年、日本政府は「沖ノ鳥島保全法」ともいわれる「排他的経済水域及び大陸棚の保全及び利用の促進のための低潮線の保全及び拠点施設の整備等に関する法律」（法律第四一号）まで制定し、保全に万全を期すとともに、国土として維持するため、経済活動の根拠となる港湾整備事業を現在も進めている。

日本漁業は「踏み絵」を差し出された

辺境での経済活動を担う日本漁業はしかし、慢性的な労働力不足に直面して産業規模を縮小させている。日本人就業者は一五万人ほどしかおらず、水産庁『水産白書』（平成三〇年度）は、二〇四八年に七万三〇〇〇人程度になる予測も成り立つとした。いずれは〝少し大きめの村〟の人口規模で、日本の漁業生産すべてを担うような状況となるのである。

その時、高負荷労働から高齢者や女性の活躍が難しく、かつコストの点で機械化などでの効率化に限界がある海での食料生産は誰が担うのか。ただでさえ食料自給率の低い日本で、これ以上のリスクを積み上げることは可能なのだろうか。人材枯渇産業となった漁業の実像は、そんな不安を掻《か》き立てる。

「重老齢社会」や「二〇二五年問題」、「二〇四〇年問題」などのキーワードが人口に膾炙《かいしゃ》した言葉となるなか、日本漁業は、外国人依存を解決策の柱としようとしている。

たしかにこの三〇年、日本人の若者から忌避されてきた漁業界にとって、外国人労働者の存在は慈雨だった。しかし雨も降り続けば災害になる。それがまさに今、起こっている。

漁業界では、以前からあるマルシップ制度、技能実習制度に加え、二〇一八年末に創設された特定技能制度を三つ目の柱にすえ、漁業そのものと食料生産を支えようとしている。

特定技能制度で来日した外国人に、海技士免状の付与が可能となるよう、新たな道の整備も始まろうとしている。中核で漁業生産を担う幹部船員への、特定技能外国人材の登用も検討するということだ。極限まで外国人依存を進め、すでに九八％が外国人船員との統計もある外航船分野をお手本にしているかのようである。

二〇二〇年八月、漁業がいつ頃この状態にサヤ寄せするのかを試算していたさなか、商船三井が傭船《ようせん》したばら積み船「ＷＡＫＡＳＨＩＯ」が、モーリシャス沖で座礁、燃油を流出させるという大事故を起こした。乗員はインド人船長以下、全員が外国人であった。日本人船長であればあの事故を防げたとは言わないが、外国人依存を極限にまで進めた結果の一つとして、日本はあの事故の当事者になったと考える。

事故は、物流と同等以上に国民への「責務」が鋭く問われる食料生産が、本来、日本人による日本人のための生産となるべきではないのか、とも考えさせた。また漁業は、日本国民への食料供給を使命とするがためにその存在が重視され、数々の支援を受けてきたことも思い起こさせた。

一〇年目を迎えた東日本大震災の復興事業でも、漁業は手厚い支援を受けた。それは、国民への食料供給という「負託」に応《こた》えているからこそである。納税者である国民にも、そう説明できた。しかし、外国人による日本人のための食料生産は、極論「輸入」であり、そうした「日本漁業」に国民は手を差し伸べるかをこの際、考えなければならないだろう。

こうして考えると、原油などの戦略物資を遠方から運ぶ外航船分野や、食料供給産業である漁業を、外国人の存在を前提とした産業として放置し続けることは、説明責任を求められる政治や行政が避けなければならないはずだ。

しかしすでに、外国人依存は進んだ状態で、二〇二〇年時点において、沖合・遠洋漁業では五七九八人もの外国人によって産業が維持されている〔水産庁「漁業における技能実習生の状況」二〇二一年）。反面、既述したように若手日本人の確保は思うように進まず、乗船履歴を積み上げて海技士資格を取得していく日本人の層が薄くなった。その結果が日本人漁船海技士不足の深刻化であり、港から出航することが難しくなっている漁船も、一隻や二隻ではなくなっている現実であった。

今、外国人依存を続ける日本漁業界は、国民から「踏み絵」を差し出されている。それは、日本人による日本人のための食料供給を続ける〝覚悟〟を問う踏み絵である。

あふれ出る船

日本が右往左往する間にも、世界の海は窮屈になり続けている。東シナ海はすでに破裂寸前であり、「第一列島線」を越えてあふれ出る漁船や公船、軍艦が後を絶たない。残った船による東シナ海権益の奪い合いは、過酷な椅子取りゲームの様相を呈し、さらにシリアスになっている。もちろん、世界の海のいたるところでも同じ光景が繰り広げられている。南シナ海、南洋諸島海域、中部太平洋、南米沖、あげればキリがない。

こうした世界を見渡すと、やはり漁業権益の獲得・安定維持には「国力」が不可欠で、軍事力ならびに経済力に裏打ちされた「国力」が背景に存在している現実を、改めて突き付けられることになる。強大な軍事力・経済力を纏《まと》うようになった中国の漁業が東シナ海、南シナ海、そして世界の隅々まで勢力を拡大していっていることが、何よりの証拠だろう。

一方の日本はといえば、国力が衰退するなかで漁業勢力も縮小し、漁業権益は交渉材料となって切り売りの対象となっている。くどいようで申し訳ないが、尖閣諸島を巡る中台連携を阻止するために、漁業界の頭越しに「日台民間漁業取決め」が締結されたことは、漁業関係者にとっては地位低下を痛感させる出来事となった。

漁業者の諦《あきら》めムードを目の当たりにしていると、漁業の縮小による日本人の海からの退場は、逃れられないこととも思える。かといって、いつの時代も食料供給産業は国家にとって必須《ひっす》産業である。さらに「第三の海軍」ともみなされる漁業は、幸か不幸かは別として、混迷期の攪拌《かくはん》された海においては、不可欠な産業であり続けるという矛盾をもはらむ。

では、強豪国に囲まれ、現段階では衰退局面にある日本漁業はどのような針路をとるべきなのか。「四面を海に囲まれた国」、日本の針路は存在するのだろうか。

日本がとるべき針路

日本はどのような針路をとればいいのか。楽観論と性善説に身を委ねて、輸入に置き換えるのも一つの「解決策」になる。

現在、日本の沖合・遠洋漁業は二三〇万トンの魚を獲《と》ってきて、私たちに食料を、そして養殖魚に餌料《じりょう》を供給してくれている。非食用を含む魚介類の輸入量は、だいたい四〇〇万トン水準であるので、沖合・遠洋漁業を非効率で無駄なものとして切り捨てても、輸入を五割増しにすればなんとかなる。

実際、今のところ急激な円安は起こっていないので、経常収支が黒字のうちは、そして魚がいるうちは大丈夫かもしれない。消費者置き去りの無理をしての高値摑《づか》みになって無意味ではあるが、金さえ積むことができれば、不可能とは言い切れない。

漁業の労働力不足についても、外航商船隊のように、コストカットにもなる外国人依存を極限まで高め、労働力不足をなかったことにすることも「解決策」として存在する。お手本が身近にある以上、もっともリアルな労働力不足の解消方法となろう。

むしろ、二〇〇カイリ体制への移行や、外国勢力との競合で体力を消耗している日本の漁業経営体には、店じまいか、この針路しかないのが現実といってよい。捲土《けんど》重来を期して、日本人の幹部船員が育つまで、そして外国勢力と渡り合える体制が整うまで、この針路を選択することは致し方ないとも思える。漁業を一度崩壊させてしまっては、二度と再建できない可能性があるからだ。

ただし、金の切れ目が縁の切れ目、輸入水産物も外国人労働者も、日本が貧困国に転落した際は、おそらくやってこない。主要国（生産国）が輸出規制までしたコロナワクチンをみればわかるだろう。真に価値があるものは、札束を積んで我先にとの奪い合いが起こるし、極限状態になれば金などいくら積んでも買えやしない。

世界的な飢饉《ききん》があれば、戦略物資たり得る水産物もそうなるだろう。その時、日本の漁船団が全滅していないことを願うばかりだ。

そこでもし、これらの「解決策」に首をかしげるのであれば、世界の海のリアルを再度よく観察するとよい。世界の海の現実は、漁業は国家との関係を密にしていくという針路が有力となることを教えてくれている。

アジアの主星となった中国の漁業が、共産党の寵愛《ちょうあい》を受け、世界の水産資源を飲みつくす勢いであることはすでに詳述した。尖閣諸島がある東シナ海、スプラトリー諸島やパラセル諸島がある南シナ海、そして最近ではオーストラリア周辺にまで、漁船団と海警船、海軍の三点セットが強力にタッグを組み、権益の確保に挑んでいる。

そしてこうした強い意志のもと、今ではノルウェーなどの有力国を抑え、水産物輸出国のトップランナーとして、世界にその存在感を見せつけている〔FAO：Fishstat〕。

対する日本といえば、水産物輸出国から、アメリカとならぶ世界最大級の水産物輸入国に成り下がった。購買力があるからだとか、国内市場が縮小するなか輸入量は減少傾向にあると強弁し、意地を張るのは結構だが、四苦八苦する漁業界をみれば、そうも言っていられないことは明らかであろう。

マグロはえ縄漁業で顕著であるが、輸入の増加は、価格競争を仕掛けられる国内漁業者をさらに疲弊させている。

それでも、「解決策」を輸入に頼るとすれば、それは王者中国からも水産物を分けてもらうということだ。実際、中国の遠洋漁船が獲《と》ってきたイカやサンマ、マグロなど、膨大な量の水産物が今日も日本に運び込まれ、私たちの食卓に上っている。

中国漁業にとって日本は、アメリカに次ぐ二番目のお得意様となっている。

同ジ様ニ捕ルヨリ仕方ガナイ

財務省の「貿易統計」によれば、二〇一九年の日本の水産物輸入金額は一兆七四〇四億円となった。所得低迷や高齢化、畜肉重視の消費構造への変化など、複合的要因から輸入量は減少傾向だが、金額はリーマン・ショック以降、増加トレンドにある。

最大の輸入相手国は中国である。水産物輸入総額の一八・一％を占める三一五〇億円が、対価として中国に支払われたことになる。日本人は何を中国から購入しているかといえば、最大品目はイカで、例年三〇〇億円ほどを〝大人買い〟し、美味《おい》しくいただいている。次はカツオ・マグロ類で、好物として、だいたい毎年二五〇億円分を購入している。

高雄港に停泊する台湾の巨大サンマ漁船。イカ釣りを併営することもあり、そのための装置を搭載している

日本海では経済的に困窮する北朝鮮が、中国資本に操業権を売り渡し、域内での漁獲を認めたことがあったようで、日本海のイカは、中国を経由して日本にやってくるようにもなった。

北海道東沖や三陸沖の日本のEEZギリギリ外側では、中国の虎網漁船や巨大なサンマ漁船が操業し、洋上転載された魚は冷凍運搬船が大陸との間をピストン輸送している。そこには台湾や韓国の漁船もいる。

台湾のサンマ船やイカ釣り船は、豪華客船かと見まがうほど立派で大きい。そして彼らが獲ったサンマやイカは、やはり海を渡って日本にもやってくる。直接、もしくは中国の加工場を経由して日本に入り、総菜などとして消費されている。

二〇一三年以降、台湾はすでに日本を上回るサンマ漁獲国となった。そして、二〇一九年に台湾から直接日本に持ち込まれたサンマは四八〇八トンとなり、二〇一〇年の二四七三トンから倍増している〔行政院農業委員会漁業署『漁業統計年報』〕。

現状、こうした中国漁業、そして東アジア漁業の勢いを、広い海のこと、国際的な漁業管理機関が十分に制御することは難しい。そのような状況においては、日本漁業も設備投資や資源アクセス権の確保を進め、操業の確実性を高めていくことを、善か悪か、幸か不幸かにかかわらず、リアルな「解決策」として議論の俎上《そじょう》にのせざるを得ないのだ。

力を回復しなければ、日本が資源保護を訴える声すら世界には届かない可能性も忘れてはいけない。外交は声の大きな国がリードし、漁業交渉での声の大きさとは国力、または漁獲実績（すでに保持している権益）となっている現実が見え隠れするのだ。

マグロやフカ資源の管理についてはアメリカが今も影響力をおよぼしているし、サンマは漁獲実績がものを言う状態にある。

二〇二一年二月、北太平洋漁業委員会（NPFC）はサンマ資源保護のため漁獲可能量を削減することで合意したが、削減方法は二〇一八年実績から各国・各海域、一律四割削減とされた。その結果、道東・三陸沖も漁場となる公海では、台湾は一〇万八二八〇トン、中国は五万四二一九トン、対する日本は二万八一一五トンが漁獲可能量となった。サンマの漁場国である日本とロシアは、ＥＥＺ内での漁獲（日ロ合計で一三万五七五〇トン）で配慮されているが、漁場は公海に移ったままだ。

永続的な漁業を願って資源管理に取り組む、国力と漁業勢力を失った国があったとしたら、残念ながらその国の声を世界に届けることは容易ではなさそうだ。

明治政府の法務官僚で、貴族院議員まで務めた村田保《むらたたもつ》は、当時、ラッコやオットセイ、鯨を狙って日本近海に出没するようになった外国猟船に対し、「中々軍艦デ防グコトモ出来ズ」頭を抱えているところであるが、「同ジ漁業ヲシテ此方デモ矢張リ同ジ様ニ捕ルヨリ仕方ガナイ」と結論した（大日本水産会『大日本水産会報』一四三号、一八九四年）。

漁業には漁業で対抗し、外国勢力と対峙《たいじ》すべきとしたのである。列強の圧迫に晒《さら》されるなか、日本の針路を模索し続けた明治官僚は、今の日本漁業をみてどう思うだろうか。

国境産業は国家の化粧である

誰もがＳＤＧｓ（持続可能な開発目標）に敏感とならざるを得ない今日。私も社会正義を前面に、「世界的な協調体制の構築によって、水産資源の管理を徹底し、持続性のある漁業を模索すべきだ」と一席ぶつ方が、資源問題が頭をもたげる現代にあっては気持ちが楽だ。

地球温暖化で海洋環境が不安定化している現在、資源管理最優先を錦《にしき》の御旗《みはた》とした方が、のど越しが良く賛同も得られやすい。漁業の縮小をやむを得ないものとして、漁業を諦める動機づけ（言い訳）にもなる。

さらに日本が国力を低下させるなかでは、対外的な摩擦も少ない。武士は食わねど高楊枝《たかようじ》、いや、死して不朽の見込みあらばいつでも死ぬべし、か。

だが、資源保護の必要性を理解しつつも、こうした資源管理を絶対視するテンプレートはどこか空々しい。いや、残酷なのかもしれない。これまで命をかけて食料供給に貢献してきた漁師にとっては、「時代遅れの君たちはお払い箱だ」、「船から下りろ」と同じ意味に聞こえるかもしれないからである。

日本漁業を、そして魚より前に〝絶滅危惧《きぐ》種〟になりつつある漁師を見捨てることの問題は、それだけではない。国家にとって、漁業や海運、造船などの「国境産業」は「化粧」となり得るからだ。国勢を推し量るリトマス試験紙ともなる。漁業が第三の海軍であるとすれば、日本にとっての「炭鉱のカナリア」といえるのかもしれない。

とくに、外に向けて活動する海洋国家ではそうなりやすい。

「国境産業」が衰退しても、それにかわる軍事力を保持し、ハイテクなど成長産業を育《はぐく》んだアメリカのようになれればよいが、そうでない場合はなかなか厳しい。七つの海を支配した大英帝国の時代に生きた人間が、今のイギリス連邦の混迷を予想できたであろうか。

その一方で、「国境産業」を急伸させた中国が、大陸国家から海洋国家への脱皮を成功させようと奮闘することを、どれほどの人間が予想していたであろうか。しかしこれもまた現実である。

中国は、中国漁業が世界最強の座にあるだけでなく、国営の中国船舶集団（ＣＳＳＣ）が、二〇二〇年の造船新規受注量で世界一となったと表明した。海運でも、やはり国営の中国遠洋海運集団（ＣＯＳＣＯＣＳ）が、ばら積み・タンカー船隊で世界最大規模となるまでに成長を遂げたとしている。

明治末期以降の日本がそうであったように、造船業の伸張は、水上戦闘艦や潜水艦の建造能力をも向上させる。そして商船隊の膨張は、海外権益の拡張とそれへのアクセスを容易にさせる。着々と手駒を増やす中国の舵《かじ》取りには、注目せざるを得ない。

日本漁業国有化論

では、中国、台湾、韓国、そしてロシアなどの漁業強豪国に包囲され、たじろぐ日本は、どのように「化粧」をすればいいのか。食料安全保障に直結する漁業をこれ以上衰退させず、「死化粧」としないためにはどうすればいいのか。

例えば台湾のように、資本制漁業を優遇し極大化を図ったうえで、競争力を維持するような方法もあるし、中国のような公費を投入した権益の確保と国策漁業会社の温存で、もう一度、漁船団を世界展開していくという道もあるだろう。いずれにしても、国家の庇護《ひご》を受けた針路をとることになる。

この際、よく考えなければいけないことは、こうした長期にわたる国家の庇護を受けることについては、「日本漁業国有化論」の議論なくしては前に進まないということである。

外国漁船との熾烈《しれつ》な戦いに挑んでいる日本漁業が今、世界の漁業と伍《ご》するために必要としているのは、①潤沢な資本注入による生産設備の増強と生産性の向上（漁船の漁獲能力ならびに乗組員の労働環境の向上）、②資源アクセス権の回復（資源外交で存在感を発揮しての漁業権益の確保）、③乗組員の待遇改善と安定的養成（究極的には公務員化による漁船海技士の確保）である。

加えて、安価な労働力を大量動員できる外国との競争に挑むには、操業コストを度外視することも求められる。いつ、どれほどの期間で生じるかの予測が極めて難しい、不漁への高い耐性を身に付けることも、海洋環境が不安定化しているこのご時世、必須だ。これらを達成することは現状、日本の漁業経営体の体力では到底不可能で、実質的な「国有化」を前提としたプランとなる。

この場合、沖合・遠洋漁業会社に資本注入し、予防的国有化を目指す方法や、優れた漁船を国が準備して、乗組員や経営者を民間が用意するような「上下分離方式」なども議論してよいだろう。漁船建造に関しては、選択と集中政策との兼ね合いで、すでに水産庁の「水産業競争力強化漁船導入緊急支援事業」等で似たようなスキームが導入されている。

商船分野には「カボタージュ制度」というものがあり、自国の沿岸輸送（内航海運）は自国籍船のみがその任を果たすことができるというルールが存在している。国家の安全保障を担保するためのホワイトリスト化であり、世界共通の仕組みとなっている。日本やアメリカ、中国やインド、それにドイツやフランスなどのヨーロッパ諸国もこの制度を導入している。

これをまねて「漁業版カボタージュ制度」を創出し、安全保障の観点から生産や消費の局面で、自国籍船や自国資本を優遇する策もあるだろう。漁業への補助金支出にさえ批判的な世界貿易機関（ＷＴＯ）から、〝おしかり〟を受けてもだ。

この際、政府（経済産業大臣）が黄金株（拒否権付株式）を保有するＩＮＰＥＸ（国際石油開発帝石）のような組織を見倣って、農林水産大臣が黄金株を持つ漁業資源会社を設立して、優良な沖合・遠洋漁業経営体を傘下に収め、そのうえで「漁業版カボタージュ制度」を導入するような方式もあるだろう。

ただ、いずれの針路を想定するにせよ、国民の間で広く、日本は海洋国家であり、漁業は国民に食料を供給することを使命とした、安全保障に直結する産業との認識が共有されなければならない。そして国民から、日本が主権国家であり続けるためにも、強豪国との競争に、人材と権益の二つの確保で立ち向かう必要があるという共通理解・支持を得なければならないのだ。

実質賃金が一向に上向かないなかで、痛税感に耐える国民の暮らしも厳しい。国民の共感と支持なしには、日本漁業の再生は難しい。

いばら道であろうとも、その是非を問うための国民的議論を、「日本漁業国有化論」として正面からおこなう必要があるのだ。

日本漁業国有化論のその先へ

台湾の遠洋漁業は、人材面では外国人依存を極限まで強めているが、漁業資本に対しては今でも、政府が競争力を確保するため強力なバックアップ体制をとっている。

日本であれば、海上保安庁は漁業者を取り締まる組織とのイメージが強いが、台湾の海上警察である海巡署は、台湾漁船を守り、時に競争海域にエスコートする役割も担っている。そして、それを広く国民にアピールすることも忘れていない。

古めかしい海巡署の巡視船を訪問する機会を得た時のことである。その船の食堂には、漁業者から贈られたという、金字で「漁民救星」と彫りこまれた巨大な木板が飾られていた。

「あなたたちは漁民の救世主です」という意味だと教わった。

実際、その巡視船は東シナ海や南方の漁場に一緒に付いていっている。こうした国家による後ろ盾を、日本漁業と日本の漁師は羨《うらや》ましく感じている。尖閣諸島でマチ類を獲り続けてきた漁師は、息も絶え絶えに「なぜ日本の海で魚を獲れないのか」を私に問う。言葉を失う。

海上保安庁の巡視船や水産庁の漁業取締船は漁師の「敵」ではない。尖閣諸島はもちろんのこと、一緒にケープタウンを越え、世界的な漁業基地ラス・パルマスまでいっても良いのである。こうした気休めの言葉も、海を失った漁師にはかける気さえしない。

漁業は紛争や国家間の利害対立に影響を受けやすい産業である。そのダイナミズムと漁業者の生業《なりわい》を通して世界の海に思いを寄せることは、私たちの日常がいかに不安定な土台の上にあるかを知る手がかりとなる。

今、諍《いさか》いの絶えない東シナ海の問題は、利害関係国が多く、対立構造も複雑至大になっている。しかし、すぐそばにある、漁業や食を通して問題を一人一人の生活に落とし込むことは、ナショナリズムの暴走を防ぐ、対立への小さなブレーキにもなる。

貿易で生きる日本は、隣国との関係を遮断することはできず、また対立をエスカレートさせるだけでは操業もままならない。漁業を知ることが緊張の芽を摘むことになるのだ。

そう信じて、海を巡る各国の確執を伝える報道の後ろに、私たちの食を支えるため日夜働き、安心・安全な操業を望んでやまない漁業者がいることを思いだしてみたい。各国の漁師たちは今も昔のように、「しがらみのない海」での「平和な競争」を望んでいる。

そして思いだしたのならば、時に荒れ狂う海を愛《め》で、海と喜怒哀楽を共にしてきた日本が日本であり続けるとはどういうことなのかを考えて欲しい。

本書は、日本漁業の国有化のみが残された選択肢と言うつもりはない。国有化しなければならないほどの危機に漁業があり、国有化を避けたいのであれば、それにかわる案を真剣に議論しなければならないと言っているのである。

「日本漁業国有化論」は、漁業の存続を考えるツールであるとともに、この日本の未来を考えるツールでもある。東シナ海を水鏡に、国民的な議論が待たれている。

あとがき——さまよう小舟

今、太平洋の属海にすぎない東シナ海が日本を揺さぶっている。日本の衰退と、大陸から鎌首をもたげる巨龍の復活、そして超大国アメリカの焦りがそうさせているのか。

小さな海は、巨龍の水呑場《みずのみば》となってますます干上がり、今日も小舟が魚と居場所を求めてさまよう。

「お前さん、もう電池切れかい？　会いたいって言ってた〝台湾坊主〟はこんなもんじゃないさー」

教室の隅に捨てられたボロ雑巾《ぞうきん》のようにくたびれていた私に、尖閣諸島を大切な漁場として守り続けている、一本釣り漁船を操って二〇年の船長が呆《あき》れている。今はもう陸《おか》にいる彼の父親が船長だった頃を含めると、乗船履歴はあと一〇年は追加される。

沖に出る漁師の多くがそうであるように、彼もまた頗《すこぶ》る面倒見の良い船長だ。そんな船長は、塩の結晶がこびりついた小窓から外の様子をうかがい、早く寝ろとばかりに私の方はあえて見ない。

〃ドーン、ズスーン〃

三メートルの巨大な壁と化したうねる大波に船首が突っ込み、立ち上るしぶき。FRP、すなわち繊維強化プラスチックでできた船体が、重い木のバットで叩《たた》かれているかのような衝撃と鈍い音が船内に充満する。

〃バラッ、バラバラッ〃

砂利でもまき散らすかのように雨粒も落ちる。

すべてを持ち去ろうとする白波による緊張感からか、もしくは船長の普段見ることがない神妙な顔つきがそうさせたのか、時化《しけ》のなか聞き取りにくい船長のつぶやくほどの声がはっきりと認識でき、「台湾坊主」はしばらく私の脳裏でこだました。

頭にこびりついたのは、たった四文字の、なにやら愛らしい、荒れ狂う海に似つかわしくない言葉だったからだろうか。それとも三〇年も前に造られた、あせたプラスチックの風呂《ふろ》桶《おけ》が、ピッチとロールを繰り返し、本来見えるはずのない場所の海面を私に見せようとしてくるからだろうか。

バチバチと大粒の雨が打ち付けるブリッジでは、いつものレーダー画面が、緊張感なくエメラルド色の円を描いて光っていた。

「船長、いつまで続くの、これ」

飲むのが遅かったことを棚に上げ、酔い止め薬の不出来をなげきながら聞いた。

「パッと来てパッと帰るのがここらの低気圧だ。じきにおさまるよ」

この期に及んでは真っ赤な嘘でもありがたい。喉《のど》から胃にかけて溜《た》まった不快なものとともに、この坊主もどきが退散してくれることを願う。

〈寝るか〉

乗船前夜に駆け込んだ薬局で、一番高い酔い止め薬を奮発してもダメなのだから、つまりは起きていても仕方がないということだ。ブリッジ後方の、何のためにつくられたかわからない半畳ほどの凹《へこ》みに潜り込み、棺《ひつぎ》のような低い天井の寝床とした。

獲《と》った魚の寝床を最優先に造られる漁船では、このくぼみですら、普段は船長ご自慢の跡取り息子が定宿とする貴重なスペース。それをご厚意もご厚意で間借りしている以上、感謝して目をつむる。

くたびれた襖紙《ふすまがみ》のようなカーテン一枚で接した、猫の額ほどの通路では、その彼が船長の次に順番が回ってくるワッチ（見張り業務）に備え体を横たえている。しばらく見ないうちに腕回りが倍ほどになり、優しさだけでなく逞《たくま》しさもあふれ出すようになった若き将来の船長候補だ。

何の役にも立たない私が特等席で申し訳ない気持ちがこみ上げる。そして、多くの海の男たちへの感謝の気持ちを何かの形であらわさなければ、そう心に誓った。

本書はその決意を私なりにではあるが、形にしたものとなった。ただ、必死になってあい路からの抜け道を求め日々奮闘する彼らが、本書を認めてくれるかはわからない。

彼らは今日もまた、僥倖《ぎょうこう》を頼むしかない東シナ海で、魚と居場所を求めてさまよっているのだ。

しかし東シナ海の、そして日本漁業の危機を少しでも伝えることが、いつの日か彼らの生《なり》業《わい》を支えると信じ、いったん筆をおいた。豊漁と、彼らの航海の安全を祈りつつ。

最後に、本書刊行にご尽力くださいました東京都立大学法学部の谷口功一《たにぐちこういち》先生と、本企画を立ち上げてくださった角川新書編集長岸山征寛《きしやまゆきひろ》さんの全面的なお力添えに、心から感謝申し上げます。

夏、伊勢《いせ》の大地に悠々と流れる五十鈴《いすず》川のほとりで想う

佐々木　貴文

主要参考文献

※本文中にも〔 〕内に引用元や参考文献を示しているが、出版物については、それらを含めて発行年の順に掲載した。

農林省水産局福岡事務所『東支那海底魚資源調査要報（昭和二三年度上巻）』、一九四八年
日中漁業懇談会『日中漁業』、一九五四年
小田滋「日中漁業協定の成立をめぐって」『ジュリスト』第八四号、一九五五年
日中漁業協議会『日中漁業会談記録』、一九五五年
片山房吉・藤田巌・浅野長光編『占領治下における水産行政史稿本』日本農業研究所、一九五六年
日中漁業協議会『日中漁業総覧』、一九五七年
山口和雄編『現代日本産業発達史』（XIX 水産）交詢社出版局、一九六五年
日本船主協会『日本船主協会二〇年史』、一九六八年
外務省アジア局中国課監修『日中関係基本資料集：一九四九～一九六九年』霞山会、一九七〇年
吉木武一『以西底曳漁業経営史論』九州大学出版会、一九八〇年
農林水産省百年史編纂委員会『農林水産省百年史』（中巻）、一九八〇年

二野瓶徳夫『明治漁業開拓史』平凡社、一九八一年
『水産庁50年史』編集委員会『水産庁50年史』、一九九八年
芹田健太郎『島の領有と経済水域の境界画定』有信堂高文社、一九九九年
芹田健太郎『日本の領土』中央公論新社、二〇〇二年
水上千之編『現代の海洋法』有信堂高文社、二〇〇三年
片岡千賀之「中国における新漁業秩序の形成と漁業管理」『長崎大学水産学部研究報告』第八五号、二〇〇四年
原貴美恵『サンフランシスコ平和条約の盲点』渓水社、二〇〇五年
松葉真美「大陸棚と排他的経済水域の境界画定」『レファレンス』第五五巻七号、二〇〇五年
片岡千賀之「日中韓漁業関係史一」『長崎大学水産学部研究報告』第八七巻、二〇〇六年
片岡千賀之・西田明梨「日中韓漁業関係史二」『長崎大学水産学部研究報告』第八八巻、二〇〇七年
江藤淳一「海洋境界画定に関する国際判例の動向」『国際問題』第五六五号、二〇〇七年
日本遠洋旋網漁業協同組合『遠まき五十年史』、二〇一〇年
刘小兵「我国渔业统计面临的国际挑战」『中国水产』二〇一一年第九期、二〇一一年
卢昆「现代渔业框架下我国海洋捕捞产业政策支持重点研究」『社会科学家』二〇一一年第二期、二〇一一年
服部龍二『日中国交正常化』中央公論新社、二〇一一年
豊下楢彦『「尖閣問題」とは何か』岩波書店、二〇一二年

遠藤昭彦「東シナ海における油ガス田開発とその背景」『海幹校戦略研究』第二巻一号、二〇一二年
井上孝「「日台民間漁業取り決め」のクロノロジーに想うこと」『交流』第八六六号、二〇一三年
末永芳美「日本漁業の国際問題」『農村と都市をむすぶ』第六三巻八号、二〇一三年
全国漁業協同組合連合会『二〇〇海里運動史』、二〇一三年
刘景景・龙文军「我国海洋捕捞政策及其转型方向研究」『中国渔业经济』二〇一四年第二期第三二巻、二〇一四年
陳激『民間漁業協定と日中関係』汲古書院、二〇一四年
郭晓蓉・高健「海洋捕捞渔村经济社会现状的调查研究：以宁波海洋捕捞渔村为例」『中国渔业经济』二〇一四年第三期第三二巻、二〇一四年
ロバート・D・エルドリッチ『尖閣問題の起源—沖縄返還とアメリカの中立政策』名古屋大学出版会、二〇一五年
春名幹男『仮面の日米同盟』文春新書、二〇一五年
川島真編『チャイナ・リスク』岩波書店、二〇一五年
山本秀也『南シナ海でなにが起きているのか』岩波ブックレット、二〇一六年
佐々木貴文「「日台民間漁業取決め」締結とそれによる尖閣諸島周辺海域での日本および台湾漁船の漁場利用変化」『漁業経済研究』（第六〇巻一号）、二〇一六年
ジェイムズ・スタヴリディス『海の地政学』早川書房、二〇一七年
塩田純『尖閣諸島と日中外交』講談社、二〇一七年

佐々木貴文『近代日本の水産教育』北海道大学出版会、二〇一八年
坂井眞樹「太平洋島嶼国における日本漁業の将来」『水産振興』第五三巻七号、二〇一九年
益尾知佐子『中国の行動原理』中公新書、二〇一九年
國吉まこも・佐々木貴文「領土編入以前におこなわれていた尖閣諸島の漁業開発」『地域漁業研究』第五九巻一号、二〇一九年
濱田武士・佐々木貴文『漁業と国境』みすず書房、二〇二〇年
佐々木貴文「水産業における外国人労働力の導入実態と今後の展望」『水産振興』第五四巻六号、二〇二〇年

図表作成　本島一宏
写真提供　佐々木貴文

本書は書き下ろしです。

佐々木貴文（ささき・たかふみ）
1979年三重県津市生まれ。漁業経済学者。2006年北海道大学大学院教育学研究科博士後期課程修了。鹿児島大学大学院水産学研究科准教授を経て、現在、北海道大学大学院水産科学研究院准教授。農林水産省水産政策審議会委員。専門は漁業経済学・職業教育学・産業社会学。著作に『近代日本の水産教育――「国境」に立つ漁業者の養成』（北海道大学出版会、2018年、漁業経済学会学会賞・日本職業教育学会学会賞）、『漁業と国境』（共著、みすず書房、2020年）など。

東《ひがし》シナ海《かい》
漁民《ぎょみん》たちの国境紛争《こっきょうふんそう》

佐《さ》々《さ》木《き》貴文《たかふみ》

2021 年 12 月 10 日　初版発行
2024 年 10 月 30 日　3 版発行

◆◇◇

発行者　山下直久
発　行　株式会社KADOKAWA
〒102-8177　東京都千代田区富士見 2-13-3
電話　0570-002-301（ナビダイヤル）

装 丁 者　緒方修一（ラーフイン・ワークショップ）
ロゴデザイン　good design company
オビデザイン　Zapp!　白金正之
印 刷 所　株式会社KADOKAWA
製 本 所　株式会社KADOKAWA

角川新書

ISBN978-4-04-082373-7 C0231